建筑设计要素丛书

建筑楼梯

Building Stairs

付 强 张颖宁 编著

中国建筑工业出版社

图书在版编目（CIP）数据

建筑楼梯 = Building Stairs / 付强，张颖宁编著
. —北京：中国建筑工业出版社，2022.9
（建筑设计要素丛书）
ISBN 978-7-112-27730-8

Ⅰ. ①建… Ⅱ. ①付… ②张… Ⅲ. ①楼梯—建筑设计 Ⅳ. ①TU229

中国版本图书馆CIP数据核字（2022）第142913号

责任编辑：唐　旭　吴　绫
文字编辑：李东禧　孙　硕
书籍设计：锋尚设计
责任校对：赵　菲

建筑设计要素丛书
建筑楼梯
Building Stairs
付　强　张颖宁　编著
*
中国建筑工业出版社出版、发行（北京海淀三里河路9号）
各地新华书店、建筑书店经销
北京锋尚制版有限公司制版
北京中科印刷有限公司印刷
*
开本：787毫米×1092毫米　1/16　印张：10¼　字数：222千字
2022年9月第一版　2022年9月第一次印刷
定价：**40.00**元
ISBN 978-7-112-27730-8
（39802）

总序

何为建筑？

何为建筑设计？

这些建筑的基本问题和思考，不同的建筑师有着不同的体会和答案。

就建筑形式和构成而言，建筑是由多个要素构成的空间实体，建筑设计就是对相关要素的组合，所谓设计能力亦是对建筑要素的组合能力。

那么，何为建筑要素？

建筑要素是个大的范畴和体系，有主从之分和相互交叉。本丛书结合已建成的优秀案例，选取九个要素，即建筑中庭、建筑入口、建筑庭院、建筑外墙、建筑细部、建筑楼梯、外部环境、绿色建筑和自然要素，图文并茂地进行分析、总结，意在论述各要素的形成、类型、特点和方法，从设计要素方面切入设计过程，给建筑学以及相关专业的学生在高年级学习和毕业设计时作为参考书，成为设计人员的设计资料。

我们在教学和设计实践中往往遇到类似的问题，如有一个好的想法或构思，但方案继续深化，就会遇到诸如“外墙如何开窗？入口形态和建筑细部如何处理？建筑与外部环境如何融合？建筑中庭或庭院在功能和形式上如何组织？”等具体的设计问题；再如，一年级学生在建筑初步中所做的空间构成，非常丰富而富有想象力，但到了高年级，一结合功能、环境和具体的设计要求就会显得无所适从，不少同学就会出现一强调功能就是矩形平面，一讲造型丰富就用曲线这样的极端现象。本丛书就像一本“字典”，对不同要素的建筑“语言”进行了总结和展示，可启发设计者的灵感，犹如一把实用的小刀，帮助建筑设计师游刃有余地处理建筑设计中各要素之间的关联，更好地完成建筑设计创作，亦是笔者最开心的事。

经过40多年来的改革开放，中国取得了举世瞩目的建设成就，涌现出大量具有时代特色的建筑作品，也从侧面反映了当代建筑教育的发展。从20世纪80年代的十几所院校到如今的300多所，我国培养了一批批建筑设计人才，成为设计、管理、教育等各行业的专业骨干。从建筑教育而言，国内高校大多采用类型的教学方法，即在专业课建筑设计教学中，从二年级到毕业设计，通过不同的类型，从小到大，由易至难，从不同类型的特殊性中学习建筑的共性，即建筑设计的理论和方法，这是专业教育的主线。而建筑初步、建筑历史、建筑结构、建筑构造、城乡规划和美术等课程作为基础课和辅线，完成对建筑师的共同塑造。虽然在进入21世纪后，各高校都在进行教学改革，致力于宽基础、强专业的执业建筑师培养，各具特色，但类型的设计本质上仍未改变。

本书中所研究的建筑要素，就是建筑不同类型中的共性，有助于专业人士在建筑教学过程中和设计实践中不断地总结并提高认识，在设计手法和方法上融会贯通，不断与时俱进。

这就是建筑要素的重要性所在，两年前郑州大学建筑学院顾馥保教授提出了编写本丛书的构想并指导了丛书的编写工作。顾老师1956年毕业于南京工学院建筑学专业（现东南大学），先后在天津大学、郑州大学任教，几十年的建筑教育和创作经历，成果颇丰。郑州大学建筑学院组织学院及省内外高校教师，多次讨论选题和编写提纲，各分册以1/3理论、2/3案例分析组成，共同完成丛书的编写工作。本丛书的成果不仅是对建筑教学和建筑创作的总结，亦是从建筑的基本要素、基本理论、基本手法等方面对建筑设计基本问题的回归和设计方法的提升，其中大量新建筑、新观念、新手法的介绍，也从一个侧面反映了国内外建筑创作的发展和进步。本书将这些内容都及时地梳理和总结，以期对建筑教学和创作水平的提升有所帮助。这亦是本丛书的特点和目标。

谨此为序。在此感谢参与丛书编写的老师们的工作和努力，感谢中国建筑出版传媒有限公司（中国建筑工业出版社）胡永旭副总编辑、唐旭主任、吴绫副主任对本丛书的支持和帮助！感谢李东禧编审、孙硕编辑、陈畅编辑的辛苦工作！也恳请专家和广大读者批评、斧正。

郑东军

2021年10月26日

于郑州大学建筑学院

前言

很久以前，房子开始有了一层、二层、三层、四层……这样的建筑越来越多，住宅、商店、酒店、餐厅、办公楼等都变成了楼房。楼梯，是这些建筑里的人们借以上下楼层、使用空间的必不可少的建筑构件，也是建筑不可或缺的设计元素。建筑的类型越来越多，复式住宅里有楼梯，办公楼的门厅、酒店的大堂离不开楼梯，商业综合体的中庭里也少不了楼梯，机场航站楼、高铁站里的楼梯更是格外重要，即使后来有了电梯、自动扶梯，楼梯也从未在建筑中消失。

楼梯的梯段也称“跑”，是楼梯的主要组成部分，出现频率高，“梯段”是书面语言，“跑”为口语化，为行文通顺、简洁，一并使用。

本书试图通过调研、收集、分析不同规模、不同类型的楼梯实例，将之整理、归类，使其条理化、系统化，并将其集结成册，备于案头肘后，便于初涉建筑领域的学生学习、强化对楼梯的认知，或是设计同行于实践中借鉴，使本书成为一份可参考的材料。

书中资料收集及建筑名称、设计者、摄制者，因数量、来源庞杂，未能一一注明，谨向原作者致歉。

本书首承出版社及责任编辑的支持、出版。原郑州工业大学建筑系（现郑州大学建筑学院）系主任顾馥保教授对作者进行了耐心指正，郑州大学建筑学院副院长郑东军教授多方支持，在此谨向两位长者、师长致以衷心谢意！

目录

1

概述

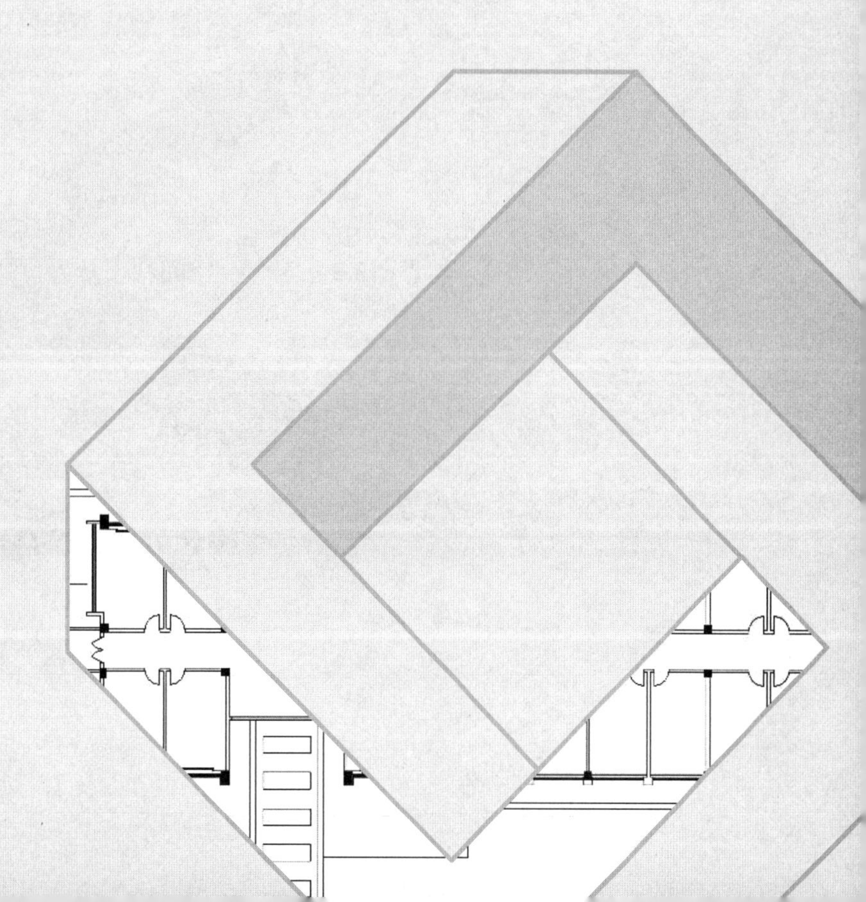

楼梯，作为建筑内部空间、楼层之间的联系构件，和建筑发展几乎同步。《辞海》释义指出，“楼梯是房屋楼层之间上下行走的通道”。如今，楼梯和电梯、坡道、自动扶梯、自动坡道共同组成了建筑的垂直交通体系（图1-0-1）。

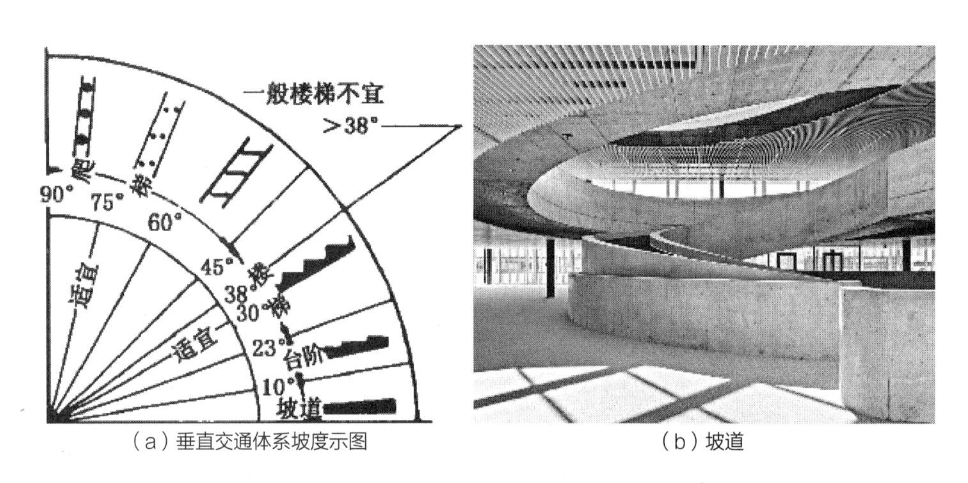

（a）垂直交通体系坡度示图　　（b）坡道

（c）楼梯

图1-0-1　垂直交通体系示例

早期的巢居，架空地面的房屋经由爬杆进入——一个刻有一些凹痕用来踩踏的树干，树干顶端开叉，在攀爬过程中可保持稳定——几乎是一个标准的一跑楼梯，至今在一些原始部落中仍可以看到。中国的传统建筑，如殿阁庑亭、馆堂舍寮、宫观祠庙，或民居私邸，大都为一层，而为防止雨雪虫蚁的侵蚀，常设置较室外高的台基、台阶，殿阁庙堂更有一层乃至数层高台、冗长坡道和台阶，如北京故宫三大殿矗立于其上的三层台基，是封建王朝的权威、仪制和秩序的顶峰的建筑化表现（图1-0-2）；佛寺殿阁的楼梯，位

（a）台阶连接的北京故宫太极殿

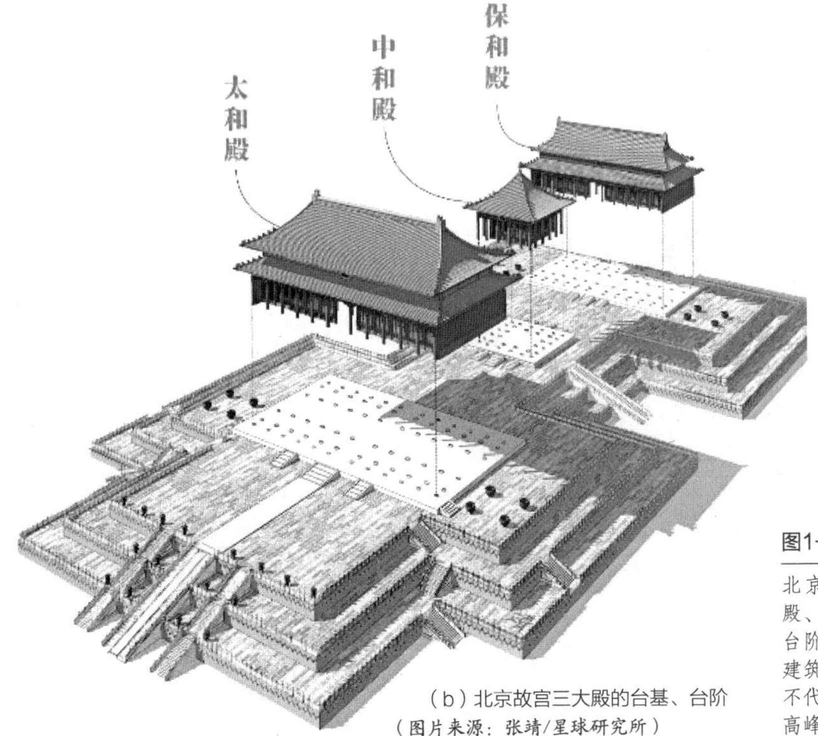

（b）北京故宫三大殿的台基、台阶
（图片来源：张靖/星球研究所）

图1-0-2 北京故宫三大殿

北京故宫的核心建筑：太和殿、中和殿、保和殿，矗立于台阶、三层台基和丹陛之上。建筑的布局、造型、细部无一不代表了中国古典建筑艺术的高峰。

偏步狭，居于建筑的一侧（图1–0–3）；传统民居中的楼梯与之相似，位置隐蔽、狭窄陡峭（图1–0–4），也大都未被视为建筑的主要构件。西方古典建筑的宫殿、府邸，一层者少而多层者众，与室外设置台阶直达二层，以求达到立面比例均衡、彰显气势，在室内门厅或中心处会设宽敞且装饰华丽的楼梯。早期府邸中楼梯也较隐蔽，后期入口楼梯有多种样式，可将室外的景观纳入整个建筑、园林的轴线上。楼梯、台阶除了用于交通上下，也参与到了建筑的空间营造中（图1–0–5）。到近现代，在城市里几乎无楼不成房：多楼层可以更充分地利用垂直空间、增加使用面积，避免不同活动的相互干扰，还可以抬升视线、观赏周边景观（图1–0–6～图1–0–8）。

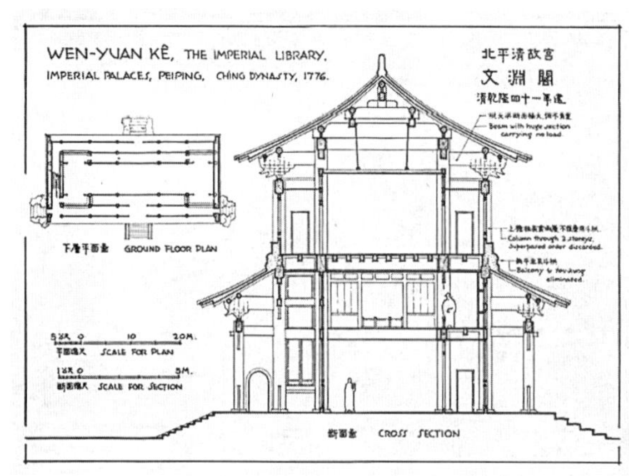

（a）北京文渊阁平面图和剖面图

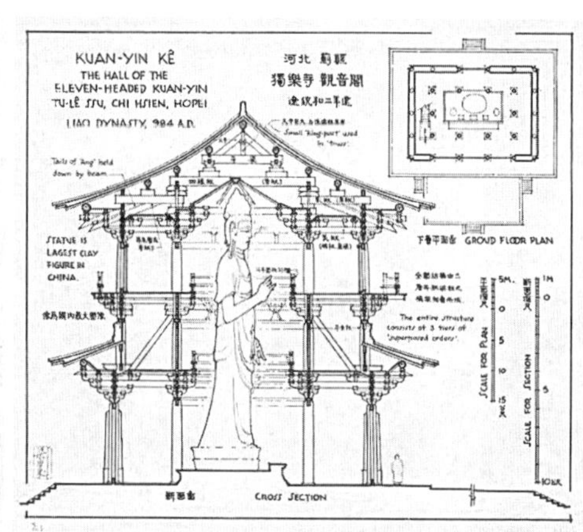

（b）河北蓟县独乐寺观音阁平面图和剖面图

图1–0–3　佛寺殿阁的楼梯

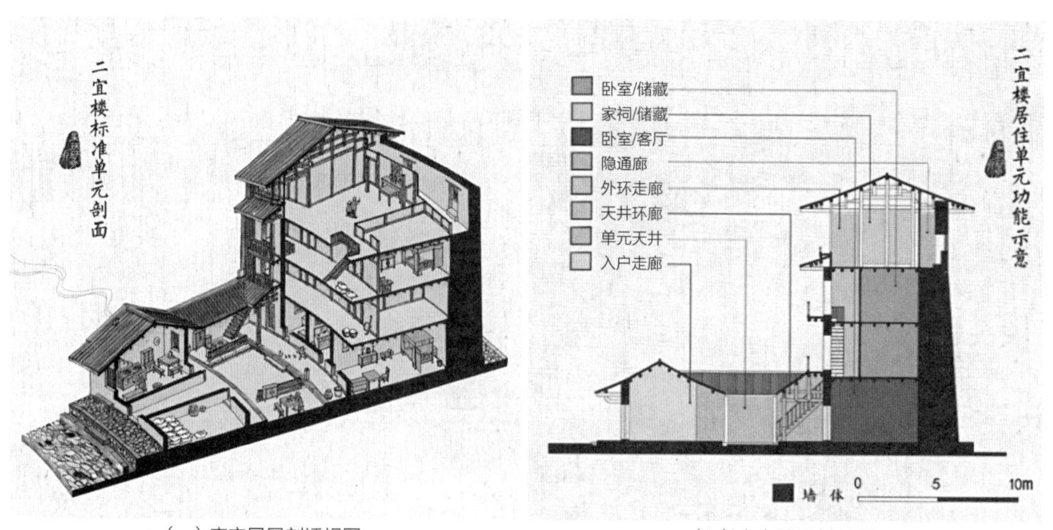

（a）客家民居剖透视图

（b）客家民居剖面图

图1–0–4　传统民居中的楼梯

（图片来源：a～c张靖/星球研究所）

（c）客家民居立面图

（d）中国传统民居

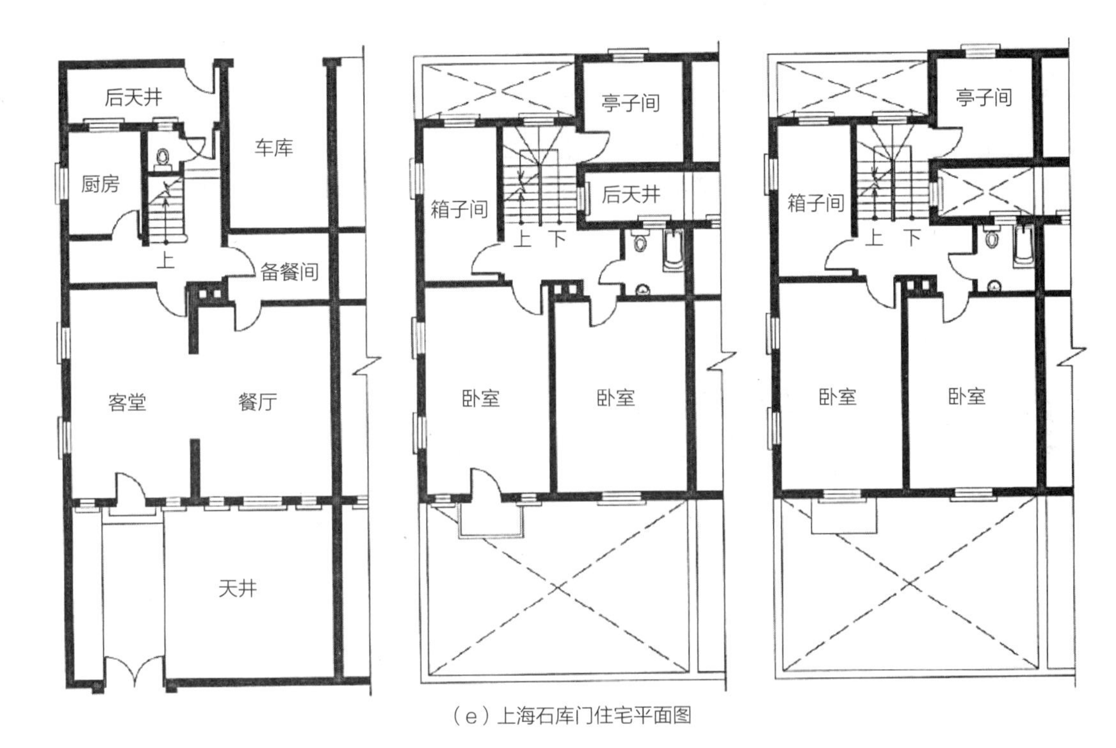

（e）上海石库门住宅平面图

（f）上海石库门住宅立面图

图1-0-4　传统民居中的楼梯（续）

（a）法国巴黎歌剧院室内主楼梯

（b）匈牙利国家歌剧院室内主楼梯

（c）意大利圆厅别墅台阶

（d）现代仿古建筑台阶

（e）现代仿古建筑台阶

（f）现代仿古建筑室外台阶

图1-0-5　西方古典建筑中的楼梯

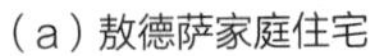

（a）敖德萨家庭住宅

（b）法国戛纳JW万豪酒店入口

（c）现代建筑入口

（d）深圳福田中康社区再生理想公园

（e）葡萄牙波尔图Serralves基金会当代艺术博物馆

图1-0-6　现代建筑的台阶示例

现代建筑的室外台阶与景观台阶有协调建筑布局、造型、风格等作用，是体现建筑创作、设计着力的重要方面。

（a）法国巴黎普瓦西萨沃伊别墅室内坡道

（b）成都鹿野苑石刻艺术博物馆入口坡道

（c）西班牙安达卢西亚记忆博物馆室外庭院坡道

（d）深圳南山婚姻登记中心入口坡道

（e）上海嘉定新城幼儿园室内坡道

图1-0-7　中外建筑的坡道示例

坡道在美术馆、学校等公共建筑中作为顺势进入、参观、观赏的方向导引，起到减轻使用者步行上下劳累的作用。

（a）如抽象绘画般点缀空间的住宅室内楼梯

（b）天津实地集团海棠雅著售楼处室内楼梯

（c）Rachel Parcell住宅，铺地与起步呼应的门厅楼梯

（d）德国汉诺威2000年世界博览会荷兰馆外置楼梯

（e）康奈尔大学米尔斯坦楼（OMA），晶莹的玻璃盒子楼梯间

图1-0-8　中外建筑的楼梯示例

1.1 组成

楼梯的基本组成是了解、设计楼梯的基础，楼梯的特征、类型、构造、细节在其组成中得以体现。我们以常见的单元式多层住宅建筑的公共两跑楼梯（图1–1–1）与螺旋式楼梯（图1–1–2）为例说明楼梯的基本组成及注意要点。

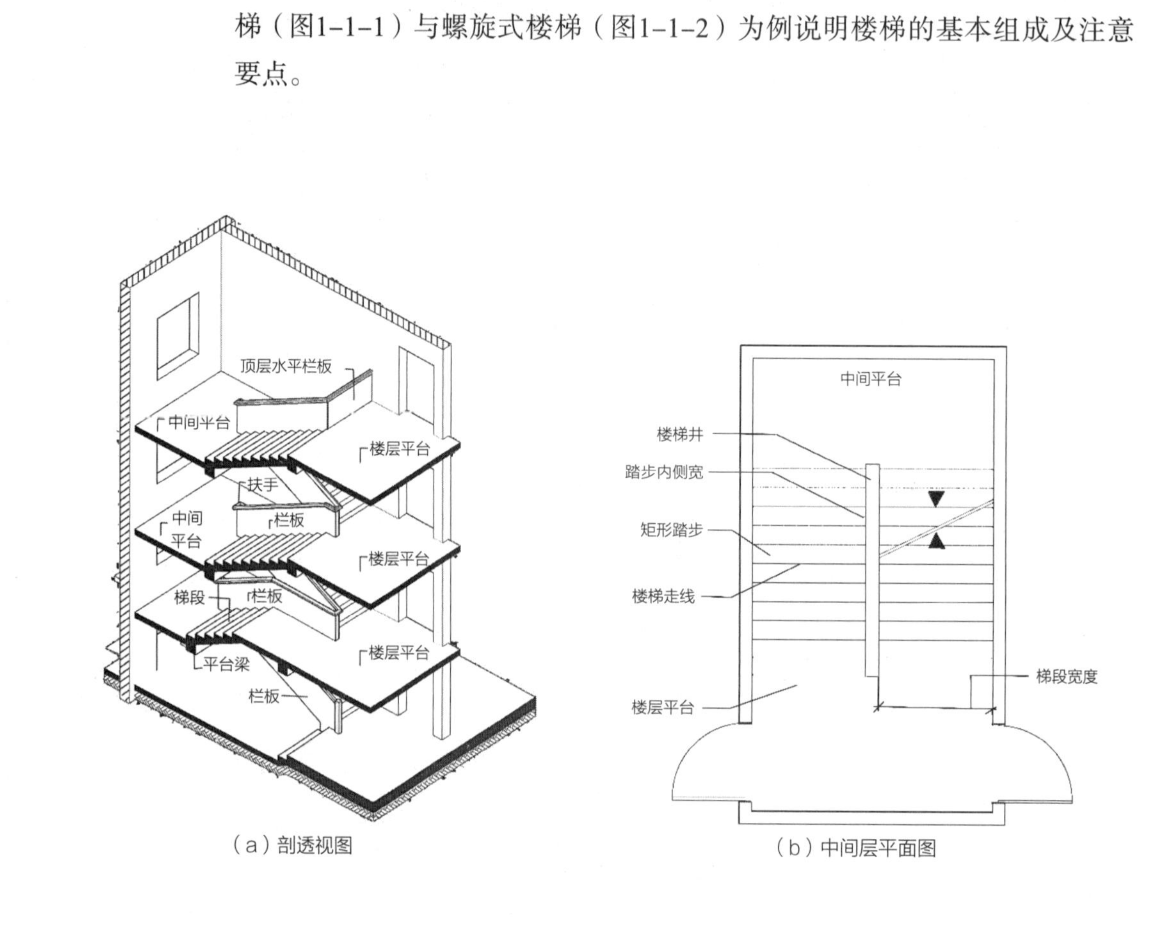

（a）剖透视图　　（b）中间层平面图

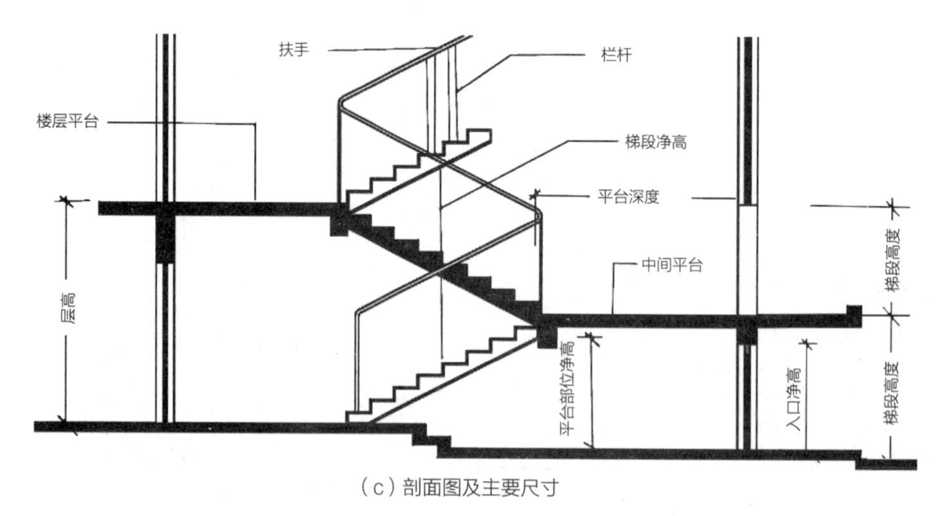

（c）剖面图及主要尺寸

图1–1–1　单元式多层住宅的公共两跑楼梯

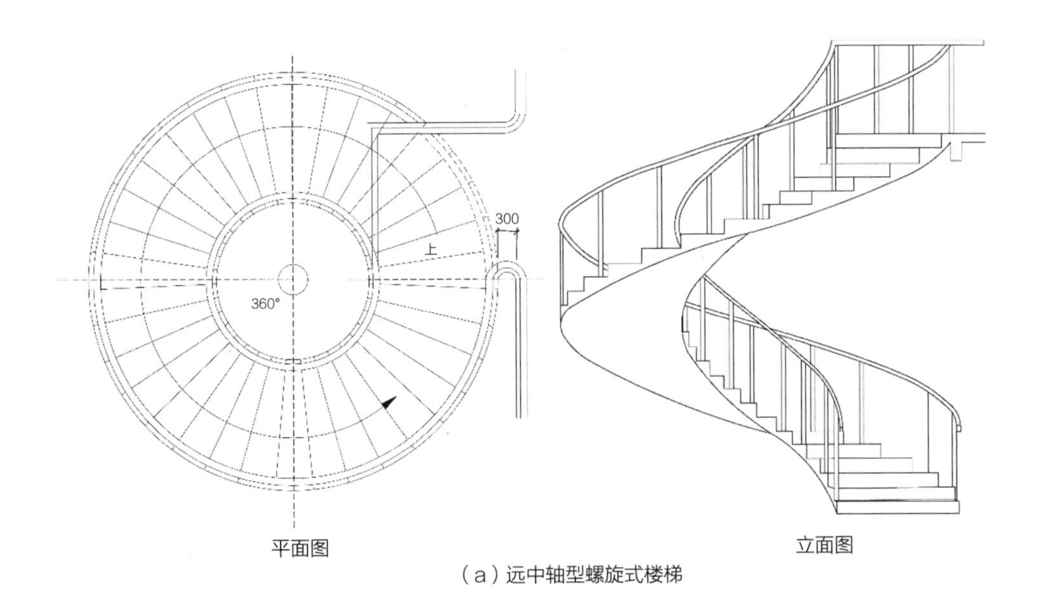

(a) 远中轴型螺旋式楼梯

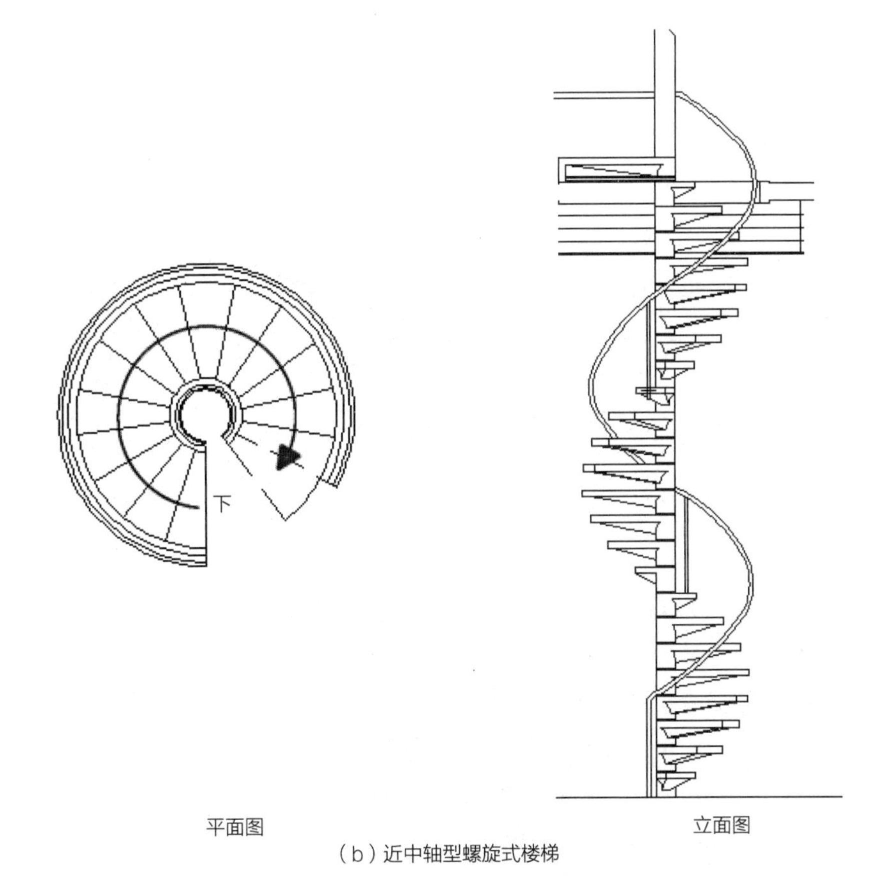

(b) 近中轴型螺旋式楼梯

图1-1-2　螺旋式楼梯

1.1.1 踏步

踏步是楼梯最重要、最基本的组成部分。

（1）踏步的高度、宽度，对应踏步的踢面、踏面，也决定了楼梯的坡度；踏面要平整、耐磨、耐脏、防滑（图1–1–3）。

（2）踏步的高度和宽度关系在实践中有两个经验公式：设踏步高度为h、宽度为b，有$h+b$=450毫米或$2h+b$=600～620毫米，此时楼梯有符合适宜使用的坡度。

（3）公共建筑的楼梯踏步一般高150毫米，宽270～300毫米；当踏步高大于180毫米时，人们登楼梯不易跨步；我国单元式住宅层高在3米时，公共楼梯的踏步以高175毫米、宽260毫米为限。

（4）踏步宽度常采用350毫米，当高为120毫米、130毫米时，宽度为320毫米、330毫米；实际设计时，踏步的长宽要按照相应建筑类型的规范要求进一步确定（表1–1–1）。

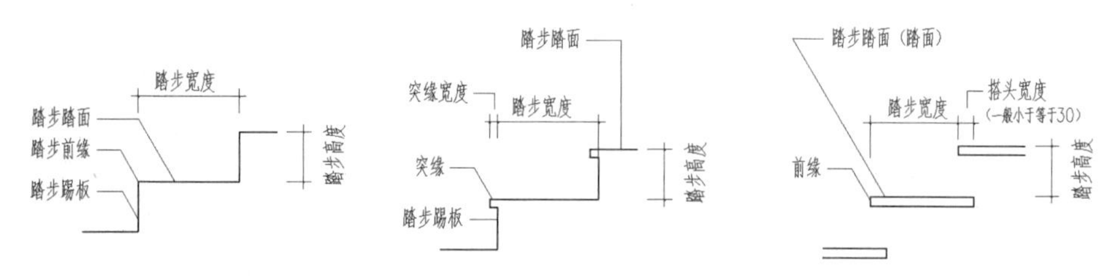

图1–1–3 各种踏步主要尺寸示意（单位：毫米）

各种建筑踏步常用尺寸表（单位：毫米）　　表1–1–1

名称	住宅	学校、办公楼	影剧院	医院病房楼	幼儿园
踏步高	156～175	140～160	120～150	150	120～150
踏步宽	260～300	280～340	300～350	300	260～300

1.1.2 梯段

连续的踏步称为梯段，也是楼梯最具标志性的组成；梯段也被称为“跑”，它既是一个量词，也隐含方向的意思。我们经常说的“单跑楼梯”“一跑楼梯”都是指一个梯段的楼梯，“两跑楼梯”就是两个梯段的楼梯，“直跑楼梯”就是行进方向没有改变、呈直线的楼梯。

（1）梯段宽度在不同功能建筑、不同空间中会有很大不同，公共建筑中一般不得小于1500毫米，并需考虑按建筑层高、功能、疏散人流、搬运家具和设备的方便确定宽度（图1–1–4）；多层单元式住宅的楼梯梯段宽度多为1.3米；

住宅户内楼梯在两侧没有墙体时不应小于0.75米，有墙体时不应小于0.9米。

（2）梯段的长与踏面数相关，计算时踏面数量=踏步数量-1；梯段的高=踏步高×踏步数。

（3）梯段的踏步数至少3步，每个梯段不能大于18步，超过18步须加设中间平台。

（4）疏散楼梯梯段的大小、方向、投影位置在各层（高度）作同样的布置，有利于紧张的人群在紧急情况下的疏散；在门厅、中庭等位置的楼梯，交通、疏散只是其功能之一，其梯段的大小、方向、投影位置往往有各种变化。

（5）多层单元式住宅若首层设置单跑楼梯、一个梯段，在规范许可内层高须降为2.90米，踏步高度为165毫米，踏步数18步。

（6）梯段、平台上部及下部过道处的净高不应小于2米。上下梯段间的径高为自踏步前沿，包括最低级和最高级。踏步前沿线以外0.3米范围内的净高高度不应小于2.2米（图1-1-5）。

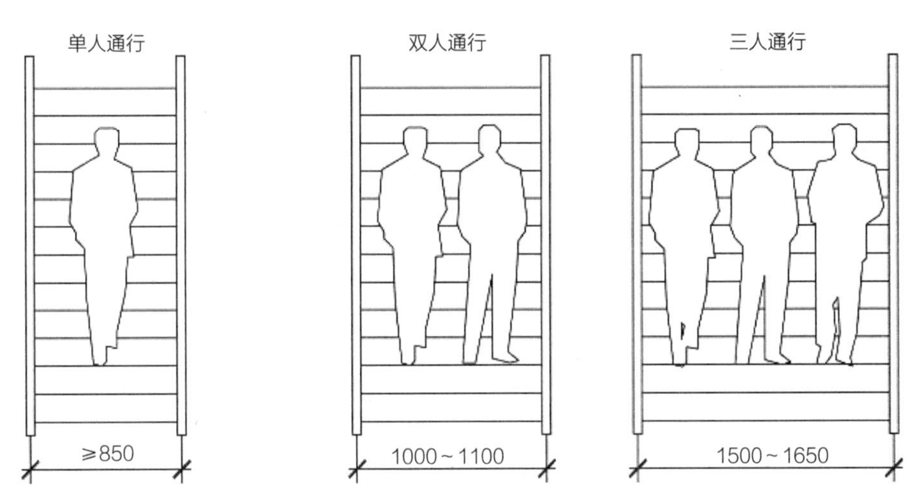

图1-1-4　梯段宽度变化示意（单位：毫米）

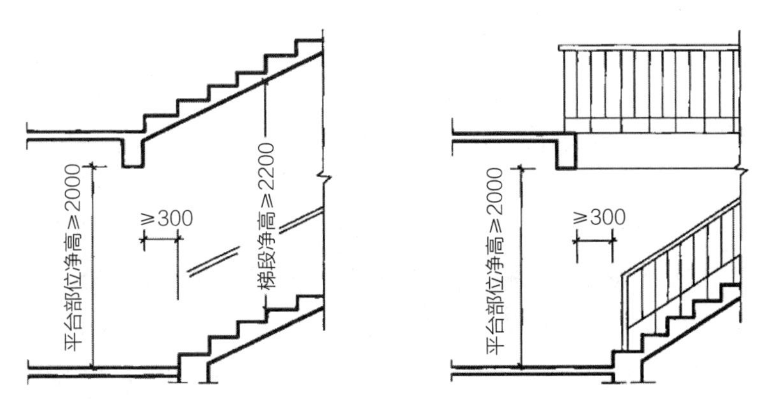

图1-1-5　梯段及平台净空高度要求示图（单位：毫米）

1.1.3　平台

平台是连接楼梯梯段的水平部分，也称“中间平台”“休息平台”。

（1）平台深度应不小于梯段的宽度；直跑楼梯的中间平台宽度不小于0.9米。

（2）当连接平台两梯段的踏步数不同时，计算平台深度应算至梯段踏步较长的一边。

（3）在平台处考虑到扶手转折的原因，在计算平台深度时，应按梯段宽度再加1/2的踏步宽度计算（图1–1–6）。

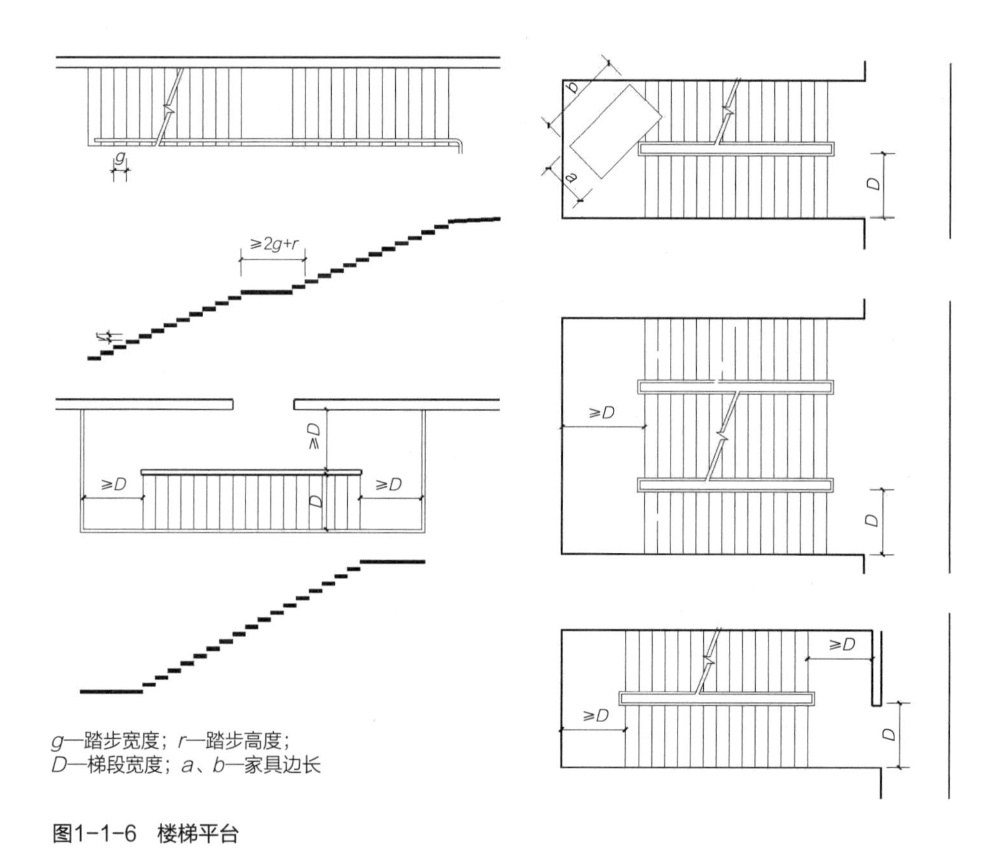

图1–1–6　楼梯平台

1.1.4　栏杆、栏板和扶手

栏杆、栏板和扶手既是楼梯的垂直围护，又是人们上下楼梯失衡时的倚靠，临空以防止坠落的安全保证，其样式透空为栏杆，实体为栏板。扶手有供人上下楼梯或短暂停顿时以手握持、施力的作用；栏杆、栏板也可以成为楼梯的结构承重构件（图1–1–7、图1–1–8）；不同年龄阶段、不同需求的人群对应栏杆、栏板和扶手的高度不同（表1–1–2）。

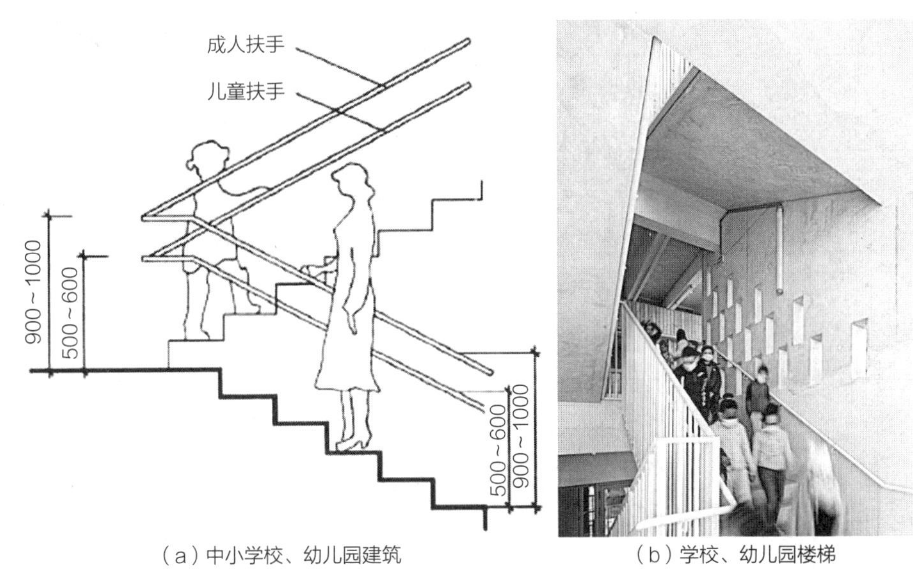

（a）中小学校、幼儿园建筑　　（b）学校、幼儿园楼梯

图1-1-7　学校、幼儿园楼梯两层扶手（单位：毫米）

图1-1-8　悬吊于空中的楼梯

该楼梯被钢缆悬吊于空间中，钢缆既是结构件，又充当了栏杆（详见本书2.2.1节楼梯的结构选型第5条悬挂式楼梯）。

不同使用空间楼梯的设置参数　　表1-1-2

栏杆、扶手名称 图例及高度	办公楼楼梯栏杆、扶手	多层住宅楼梯栏杆、扶手	供儿童使用的室内楼梯栏杆、扶手	供残疾人、老年人轮椅使用的坡道栏杆、扶手	中、小学外走廊栏杆、扶手	高层住宅阳台栏杆、扶手
栏杆扶手示意图	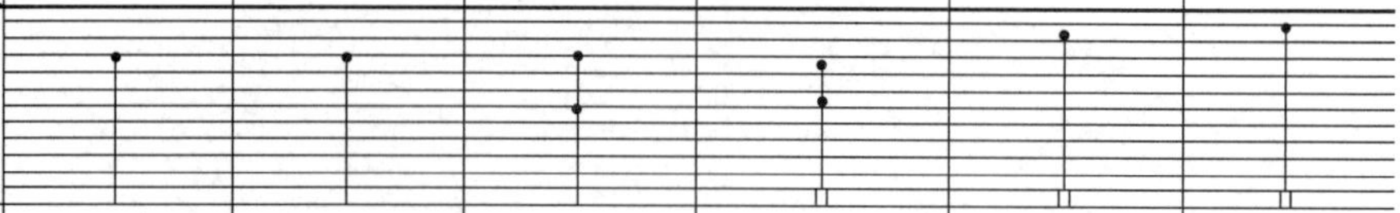					
扶手高度（毫米）	900	900	900 600	850 650	1050	1100
栏杆扶手立面图（毫米）	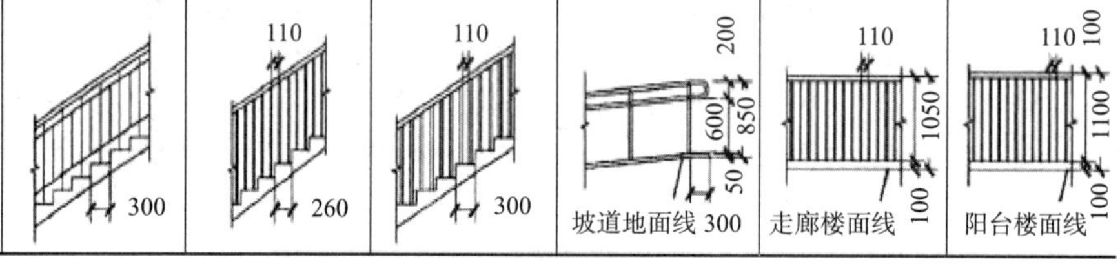 300	110 260	110 300	200 600 850 50 坡道地面线 300	110 1050 100 走廊楼面线	110 100 1100 100 阳台楼面线

（1）多层公共建筑、单元式住宅的公用楼梯的楼梯栏杆、栏板高度须不小于1000毫米，垂直杆件的间距应不大于110毫米，以防儿童跌落；户内楼梯较为自由，如有儿童使用仍应遵守相关规范要求。

（2）在双跑式、多跑式楼梯的平台转折处，尤需注意扶手的连接（详见本书3.2节）。

1.1.5　楼梯井

梯段与平台之间围合的空隙称为楼梯井，简称梯井（图1-1-9）。楼梯两梯段平行布置时，上下两梯段之间的楼梯井宽度是指两边梯段之间的水平投影间距。公共建筑中的楼梯井宽度不应小于150毫米；住宅、中小学校等楼梯井的宽度不宜大于110毫米，否则应采取安全措施。多层单元住宅的楼梯井宽度不应小于100毫米，以备发生火灾时消防水管可经楼梯井穿越。

楼梯井曾有特殊的作用：一是用于消防水带在上下楼层间穿行，二是用于容纳预制梯段的宽度误差，三是便于现浇梯段的支模。现在随着消防、施工技术、设备的发展，这些作用已不再强调。以上楼梯组成部分的图例将进一步在本书3.2节细节中表述。

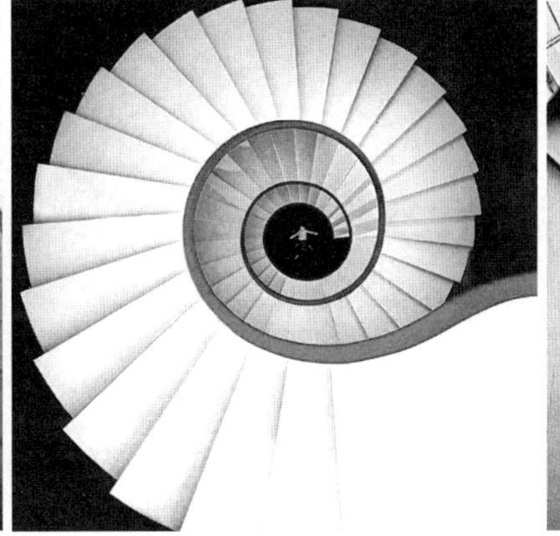

图1-1-9　楼梯井示例

1.2　特征

楼梯，在不同的建筑中其组成大同小异，细看各有千秋，原因在于楼梯如同建筑一样，具有三种特性：功能性、安全性、艺术性。

1.2.1　功能性

楼梯的主要功能是供建筑里的人们舒适、方便地上下。这样的功能看似简单，但不同类型的建筑、不同的使用人群会有极大的差异。如居住建筑中集合式单元住宅的公共楼梯，因楼层多、使用人数较多，至少需两部楼梯。而私家住宅的户内楼梯，因建筑面积较小、居住人数较少，一部楼梯足矣。总体而言，应把握以下两点：

（1）平时与紧急情况的使用要求不同

平时，楼梯首先考虑的是人流方向与所处空间相适应的尺度。在人流众多的公共建筑中，如商业建筑、展示建筑，需尽快使人们离开入口，避免人群的停留、聚集，楼梯位置醒目、朝向入口，以迎送人流；而在保证通行的情况下，或是调整楼梯组成的尺度，如延长起步、加大平台、加宽梯段，人们借以停留、休憩，还可增添空间趣味。在遇到紧急情况时（如火灾，地震等突发事件），依日常使用要求设计的楼梯不能满足疏散要求，需要对其宽度、位置、数量、方向进行补充。总之，平常与紧急结合考虑，各有侧重，互不影响。比较而言，中小型公共建筑和住宅户内的楼梯，会对平常的使用更为重视；大型公共建筑往往将门厅、中庭等处平常使用的楼梯与空间紧密结合，追求空间氛围，安全疏散楼梯分别设置，统筹安排。

（2）进出的时间特征

一些建筑在使用时，人们进出的时间及在空间中的聚集疏密有较强的规律性，另一些建筑则相反，从而对楼梯提出相应的要求，需在设计时注意。

1）人流分散进入，集中聚集，集中离开的情况（如观演建筑、体育建筑等）；

2）人流分散进入，分散分布，分散离开的情况（如展览建筑、旅馆建筑、商业建筑）；

3）人流进入较集中，分散聚集，集中或分批离开的情况（如教育建筑、交通建筑）。

参照常用的民用建筑功能划分，我们还可以简要分析楼梯的功能性体现。总之，各种建筑，面积不一，占地也不一样，层数或多或少，且人员繁杂、流线混处、上下频繁，需结合建筑的相关规范进行设计。楼梯设计要配合人群在建筑中的这些使用规律，合理地安排其位置、数量。

1.2.2 安全性

建筑的安全性来源于人类抵御各种自然及人为灾害，保障居住、工作、生产及人民生命财产安全采取的各项措施。建筑中的垂直交通布局，是安全性的重要方面。在各类不同规模、不同类型、不同层数的建筑中，除楼梯配置的数量、位置、间距、尺度外，还需考虑与其他垂直交通类型组合布置，统筹安排自动扶梯、电梯间。了解与把握不同建筑空间组合的特点，才能做好垂直交通体系的设计。

楼梯的安全性体现在以下两方面：

1. 楼梯正常使用下需确保使用者的安全。有关楼梯的安全事故很多，翻阅报刊，不时可以看到类似报道，诸如成人因依靠的栏杆过低，身体失衡坠落楼下；儿童攀爬栏杆坠落重伤；醉酒男子下楼，因没有扶手滚落身亡，等等。国家的相关规范，对楼梯组成各构件如梯段、踏步、栏杆、平台、梯井的尺寸、构造、细部都有要求，防止人因此跌落、踩踏；其次，楼梯的数量、位置要适当，与相邻、相连空间要安排合适的缓冲距离、空间，或是对楼梯的位置加以提示，防止在上下楼人群交汇时，造成拥挤（图1–2–1）。

2. 楼梯的正确设置，是建筑中的人群来去、紧急疏散的直接保障。而这些要求的背后却是惨痛的教训：因楼梯数量少，当火灾、突发事件发生时造成疏散人群拥挤、前进缓慢而伤亡的事件；也有因楼梯宽度狭窄，使人在疏散撤离时身体失衡，造成踩踏事故；也有因楼梯分布过于稀疏，使人群无法就近快速疏散；还有楼梯间的支撑、围护材料没有达到相应的阻燃性能、

图1-2-1　公共楼梯使用现状

儿童在使用公共楼梯时，如未考虑相应的安全防护、预防措施，易导致坠落事故。

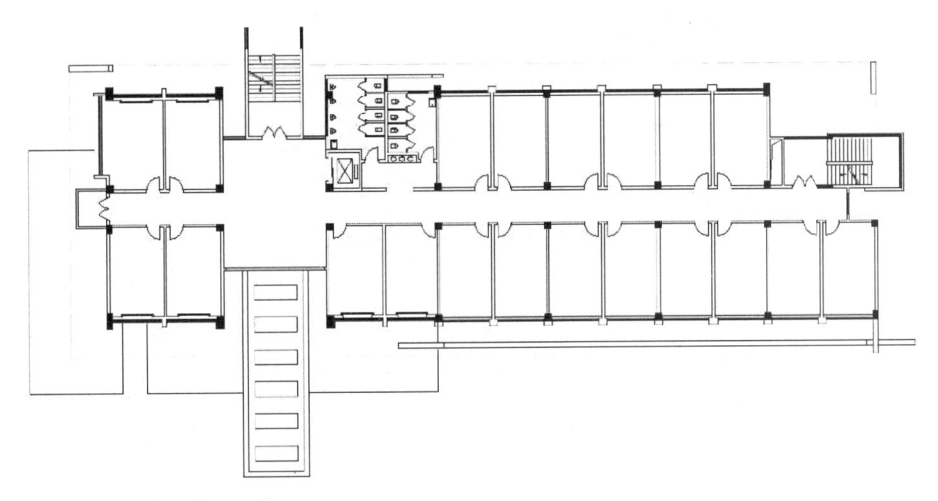

图1-2-2　某办公楼平面图

由图可见楼梯的位置、距离、大小、类型会对建筑产生影响。

耐火极限，人群在遇到火灾时没有足够的疏散时间而造成伤亡（图1-2-2）。

1.2.3　艺术性

“建筑是空间的艺术”，在建筑的内部空间中，楼梯的布置、形态是形成空间特色的要素之一。纵观世界各国的著名建筑，都有让人印象深刻的楼梯，有的楼梯甚至足以代表其时代风格。如同画家画作的笔触、用色、用墨，体现了各种艺术风格；现在还有以楼梯为主体的建筑，其独特的形象，令人难忘，这更说明楼梯的独特之处，其自身具备了传承性、标志性与创造性（图1-2-3～图1-2-8）。

（a）比利时安特卫普中央火车站

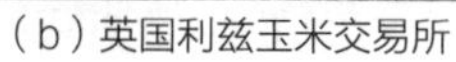

（b）英国利兹玉米交易所

图1-2-3　西方古典建筑楼梯（一）

（a）德国慕尼黑法律图书馆

（b）奥地利维也纳维也纳司法宫

（c）澳大利亚悉尼维多利亚女王大厦

（d）美国爱荷华州爱荷华州立法律图书馆

图1-2-4　西方古典建筑楼梯（二）

西方古典建筑的公共大厅中，楼梯的类型、布局追求庄重、均衡，细部繁复、精致，并与建筑整体风格相协调，成为这一时代的标志与典范。

图1-2-5　西方古典建筑楼梯（三）

（a）人民大会堂北门廊

进入二层的楼梯宽8米，63级踏步，设三处休息平台；楼梯连接二层迎宾厅入口。

（b）人民大会堂二层楼梯端部

迎面是毛主席亲笔题词，著名画家关山月、傅抱石所作的“江山如此多娇”巨幅国画；序列清晰、装饰庄重。

（c）北京中国银行总部中庭楼梯

与室内景观结合，富有中国传统文化韵味。

（d）林登·贝恩斯·约翰逊图书馆和博物馆中庭楼梯

图1-2-6　现代建筑楼梯（一）

（a）入口鸟瞰

图1-2-7　现代建筑楼梯（二）

广州，岭南画派纪念馆。
设计者以建筑表现岭南画派内涵。二层设主入口、入口大厅及接待室。入口的楼梯、雨篷、柱廊特点鲜明，与室内楼梯构成轴线关系。

（b）入口人视

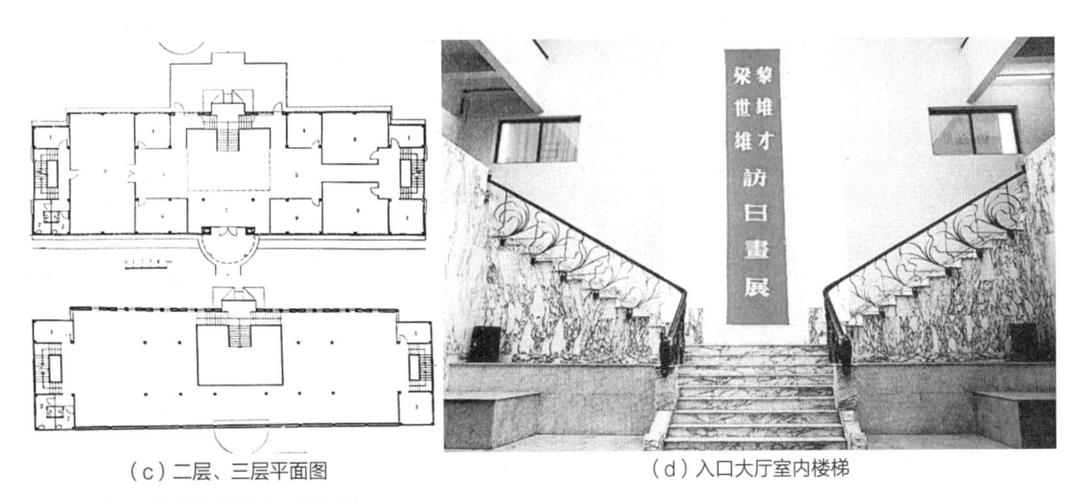

（c）二层、三层平面图

（d）入口大厅室内楼梯

图1-2-7　现代建筑楼梯（二）（续）

广州，岭南画派纪念馆。

设计者以建筑表现岭南画派内涵。二层设主入口、入口大厅及接待室。入口的楼梯、雨篷、柱廊特点鲜明，与室内楼梯构成轴线关系。

图1-2-8　现代建筑楼梯（三）

住宅中的楼梯在兼顾艺术性的同时更讲求功能性、安全性；公共建筑大厅、中庭中的楼梯在满足功能性、安全性的同时，则更为偏重艺术性。

现代建筑的楼梯，结合现代垂直交通体系所创造的组合布局，不仅提高了人们的通行效率，更增添了建筑空间的审美情趣与艺术效果。

1.3 其他垂直交通

除供人们上上下下的楼梯之外，建筑的垂直交通体系还有电梯、坡道、自动扶梯和自动坡道。由于社会生活的提高、科技水平的发展，建筑的功能日益复杂、多样，建筑类型、规模也越多、越大，如展览、商业中心，科技园区、高铁场站等。这时，建筑中的垂直交通往往是多种组合、并行布置。

1.3.1 电梯

电梯是便捷的用于载人、载物的电力驱动输送设备，在各类建筑中都可见到。高层、超高层建筑的电梯运行速度更快，数量较多时以分段设置、联动管理来提高运载效率。电梯由上下连贯的井道、基坑、机房及容纳其中的轿厢和其他设备组成。客梯、货梯、餐梯、观景电梯是电梯以载人、运物、观景为不同目的区分名称，建筑高度、运载重量（人数）不同，电梯的组成、设备尺寸、运行速度相差会较大（表1-3-1、表1-3-2，图1-3-1～图1-3-6）。

电梯的类别 **表1-3-1**

类别	名称	性质、特点	备注
Ⅰ类	乘客电梯	运送乘客的电梯	简称客梯
Ⅱ类	客货电梯	主要为运送乘客，同时亦可运送货物的电梯	简称客货梯
Ⅲ类	医用电梯	运送病床（包括病人）和医疗设备的电梯	简称病床梯
Ⅳ类	载货电梯	运送常有人伴随的货物的电梯	简称货梯
Ⅴ类	杂货电梯	运送图书、资料、文件、杂物、食物等的提升装置，由于结构形式和尺寸的关系，轿厢内人不可以进入	简称杂货梯
Ⅵ类	消防电梯	发生火灾时使用的电梯，平时可与客货梯或工作电梯兼用	简称消防电梯

注：1. Ⅰ类、Ⅱ类与Ⅲ类电梯的主要区别在于轿厢内的装修。

2. 住宅与非住宅用电梯都是乘客电梯，住宅用电梯宜用Ⅱ类电梯。

3. 资料来源：《电梯主参数及轿厢、井道、机房的形式与尺寸第1部分：Ⅰ、Ⅱ、Ⅲ、Ⅵ类电梯》GB/T 7025.1—2008，北京：中国标准出版社，2009。

各品牌电梯的参数　　表1-3-2

品牌	载重量（千克）	运行速度（米/秒）	轿厢尺寸（毫米）	门宽（毫米）	建筑井道尺寸（毫米）	顶层高度（毫米）	机坑深度（毫米）
东芝	1050	1.75	1600×1400	1000	2400×1820	4150	1450
		2.0	1600×1400	1000	2400×1820	4250	1650
蒂森	1000	1.75	1600×1400	900	2300×1800	4000	1550
		2.0	1600×1400	900	2300×1800	4200	1650
	1150	1.75	1800×1400	1100	2600×1800	4000	1550
		2.0	1800×1400	1100	2600×1800	4200	1650
	1250	1.75	2000×1450	1100	2700×2050	4450	1750
		2.0	2000×1450	1100	2700×2050	4450	1750
日立	1050	1.75	1600×1400	900	2250×1800	4200	1450
迅达	1000	1.75	1600×1400	1100	2400×1900	4400	1700
	1150	1.75	1950×1400	1100	2750×2000	4450	1700
三菱	1050	1.75	1600×1400	900	2150×2000	3900	1600
	1275	1.75	2100×1400	1100	2400×1960	4550	1700
通力	1000	1.75	1600×1400	900	2150×1800	4000	1500
		2.0	1600×1400	900	2300×2000	4400	1800
	1150	1.75	1700×1500	1000	2350×1900	4000	1500
		2.0	1700×1500	1000	2400×2000	4400	1800
	1300	1.75	2000×1500	1000	2700×2100	4300	1800
		2.0	2000×1500	1000	2700×2100	4400	2000

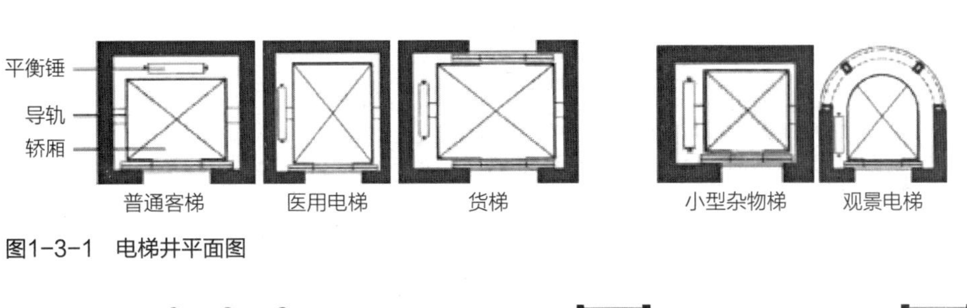

图1-3-1　电梯井平面图

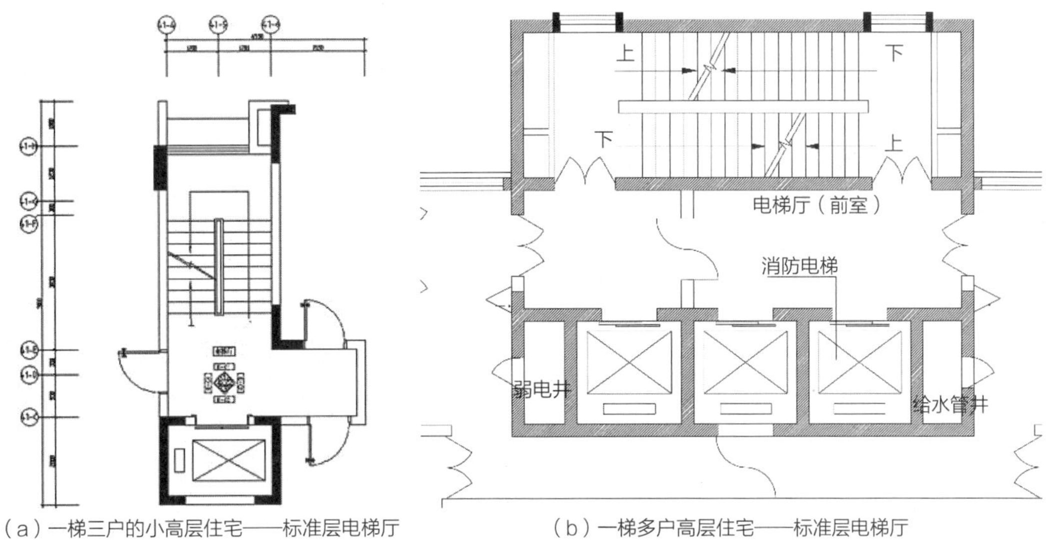

（a）一梯三户的小高层住宅——标准层电梯厅　　（b）一梯多户高层住宅——标准层电梯厅

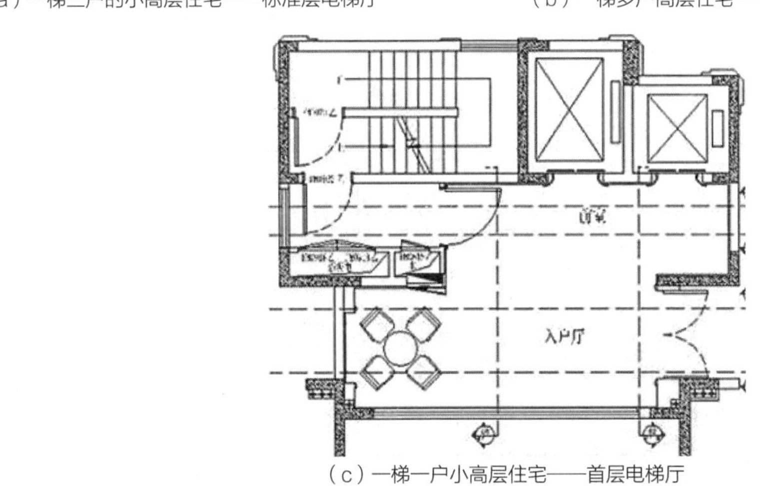

（c）一梯一户小高层住宅——首层电梯厅

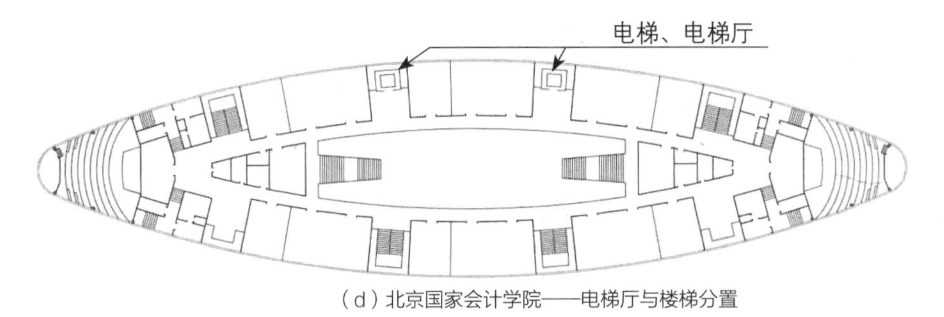

（d）北京国家会计学院——电梯厅与楼梯分置

图1-3-2　不同电梯厅平面图

建筑的电梯、楼梯有不同的组合方式，以适应建筑的功能、交通流线、节省空间的不同要求。

图1-3-3　电梯厅内景示例

电梯厅是人们日常上下建筑的主要交通工具，室内设计的风格以简洁为主，同时避免出现影响同行宽度的凸出构件。

（a）上海深坑酒店

观景电梯设于建筑体量中间。

图1-3-4　观景电梯（一）

为使人们上下时在动态中看到室外景色、增加观赏乐趣，公共建筑、旅游景区的垂直交通，常设置观景电梯。

（b）景区里的室外观景电梯

（c）连接城市步行道路的电梯

（d）建筑外部加建的观景电梯

图1-3-4　观景电梯（一）（续）

为使人们上下时在动态中看到室外景色、增加观赏乐趣，公共建筑、旅游景区的垂直交通，常设置观景电梯。

图1-3-5 观景电梯（二）

旅馆、办公楼、商场、超市等高层公共建筑的中庭，常设置室内观景电梯，以使人们上下时动态看到中庭空间、活动人群，同时提升室内外空间的特色。

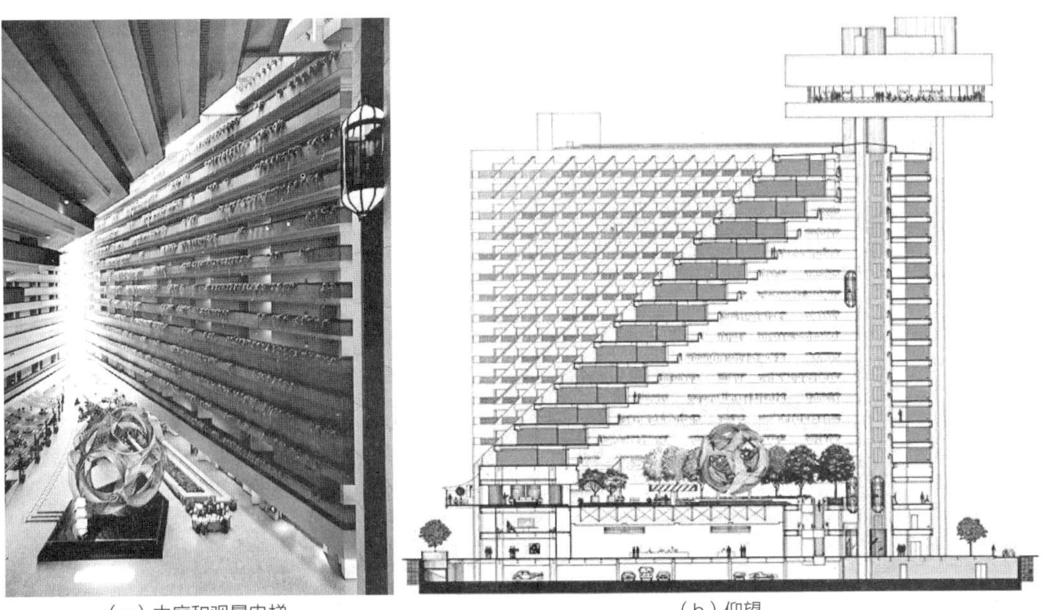
（a）中庭和观景电梯　　（b）仰望

（c）外观

（d）中庭　　（e）近景

图1-3-6　观景电梯（三）

美国旧金山凯悦酒店。

约翰·波特曼被誉为“中庭之父”，其首倡的“中庭+观景电梯”的设计彻底改变了世界大型酒店建筑的内部空间。旧金山凯悦酒店是其设计代表作，也是经典的中庭设计之一。

1．基本尺度

电梯井道结合货梯、客梯等不同类型进行布置。电梯井道尺寸与有无机房、轿厢大小、对重位置相关，常用的10人（800千克），对重后置、有机房电梯井道尺寸1900毫米×2100毫米。

2．设置

高层住宅、公共建筑的电梯，均设置独立的电梯间，或与安全楼梯结合，设置电梯厅。布置时应符合防火规范的各项规定，如设置防烟前室、送风、排烟装置等；单侧布置电梯的电梯厅深度要大于或等于轿厢的深度；双侧布置电梯（一般至少四部），电梯厅的宽度不小于4米；同时，这些电梯间、厅也是人流聚散的核心，其相应的室内设计，需与建筑功能、所需风格相适应。

1.3.2　坡道

坡道是对山路的模仿，在较早的建筑中，用以人力运送设备、病患上下楼层，后用于美术馆、展览馆中，人们可以缓慢前行并观看展品，沿用至今。现在，坡道多用于建筑的入口：人行以避台阶，称无障碍坡道；车行以直达入口、地上地下车库；公共建筑常在通道、走廊有较小高差的地方设置坡道，便于拥挤人群的安全通过（图1–3–7～图1–3–10）。

（1）基本尺度

人行坡道符合无障碍出入口要求时，净宽度不应小于1.20米（表1–3–3、表1–3–4）；自行车坡道坡度比不大于1：5，长度小于或等于6米，并应辅以踏步，供下车推行。

（2）设置

一般建筑的人行出入口都要设坡道及安全护栏，满足无障碍通行的要求；公共建筑的人行出入口往往将人行、车行坡道，以及台阶结合设置出入口，使车辆直达入口；地下车库或地上楼层、屋顶的汽车库，设置车行坡道并根据停车数量安排一个或多个出入口；如有自行车、电动车，也应有坡道并结合台阶设置，且须与机动车出入口分开。车行坡道在起止处应设置不大于1：30的过渡缓坡缓冲。

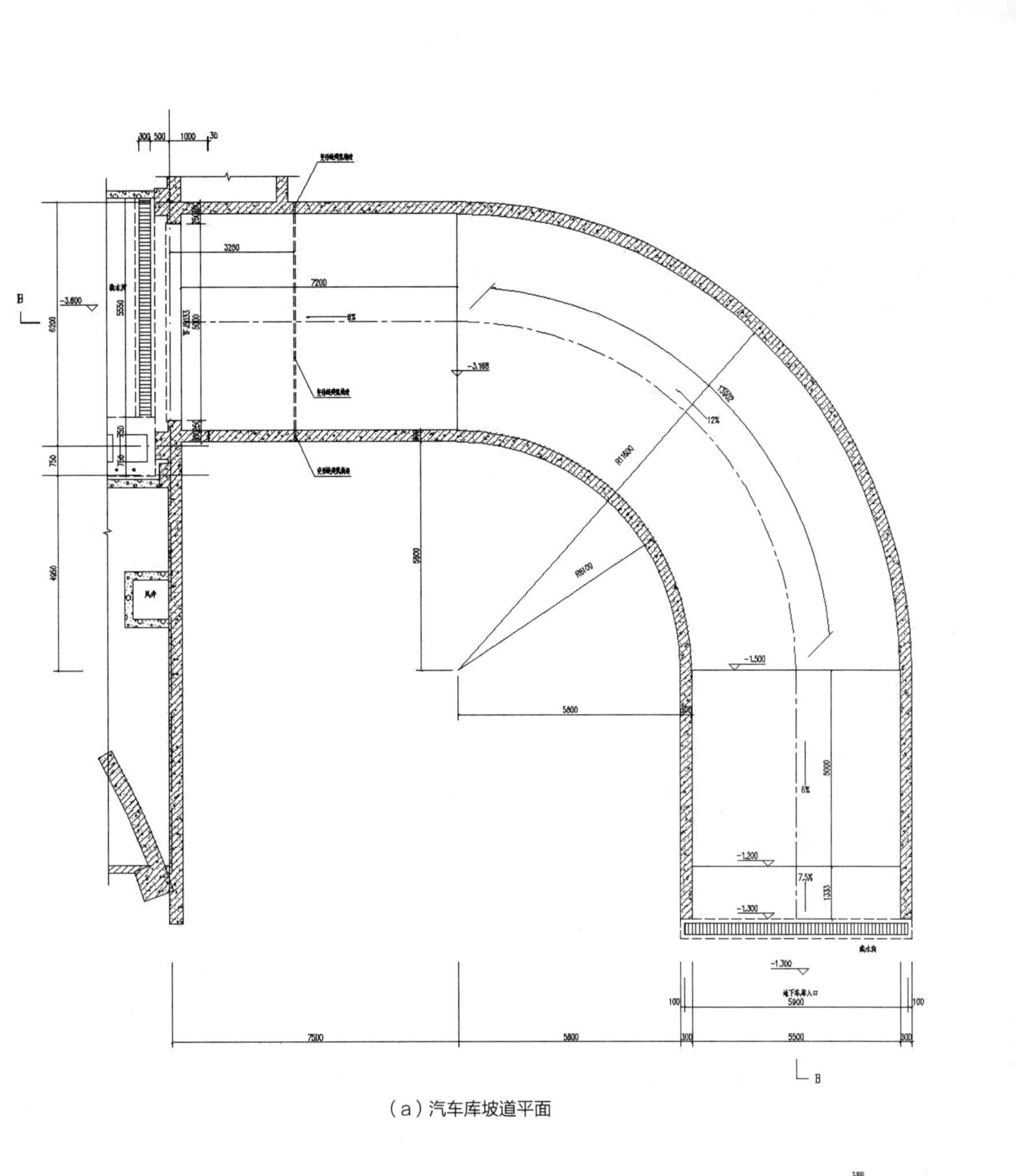

(a) 汽车库坡道平面

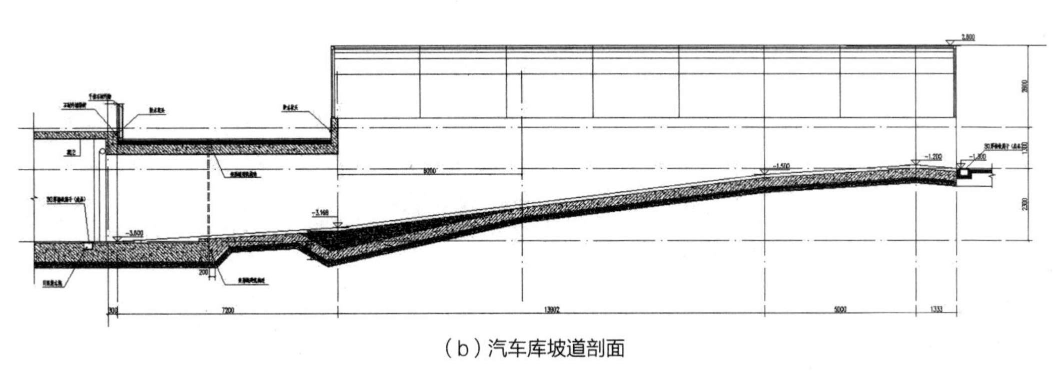

(b) 汽车库坡道剖面

图1-3-7　坡道示图

（a）多层住宅入口

无障碍坡道。

（b）西班牙加利西亚当代艺术中心

入口坡道。

（c）深圳福田中心

地下汽车库入口坡道。

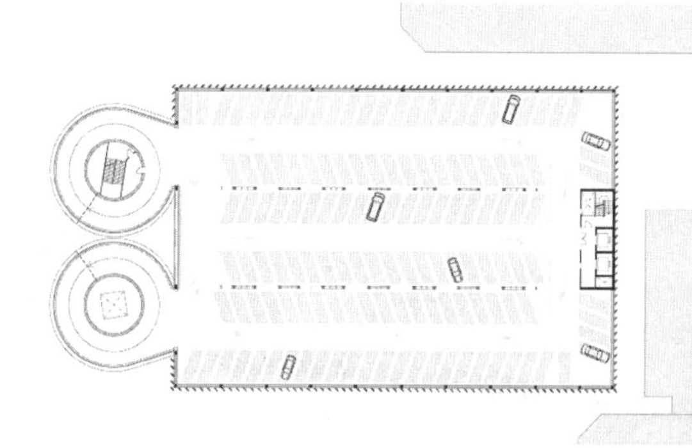

（d）（e）荷兰阿姆斯特丹RAI螺旋停车场

中间层平面及外观。

图1-3-8　坡道示例（一）

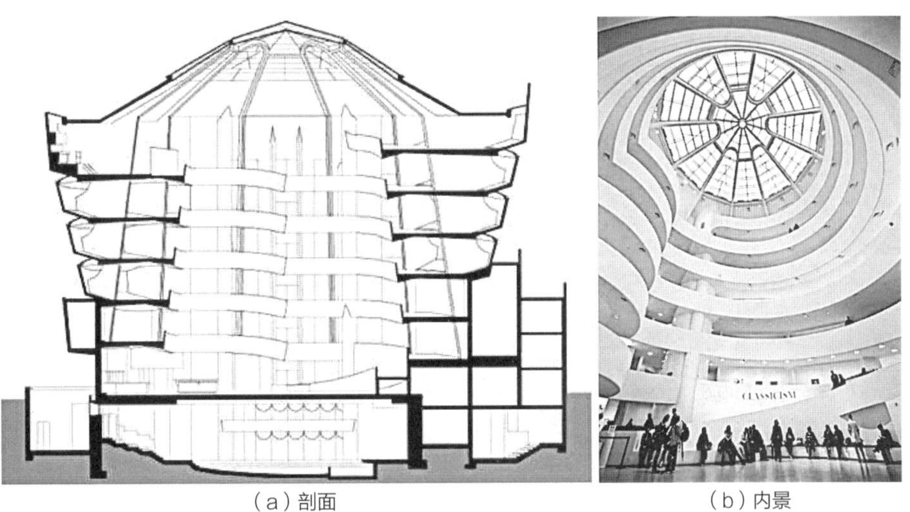

（a）剖面　　（b）内景

（c）外观

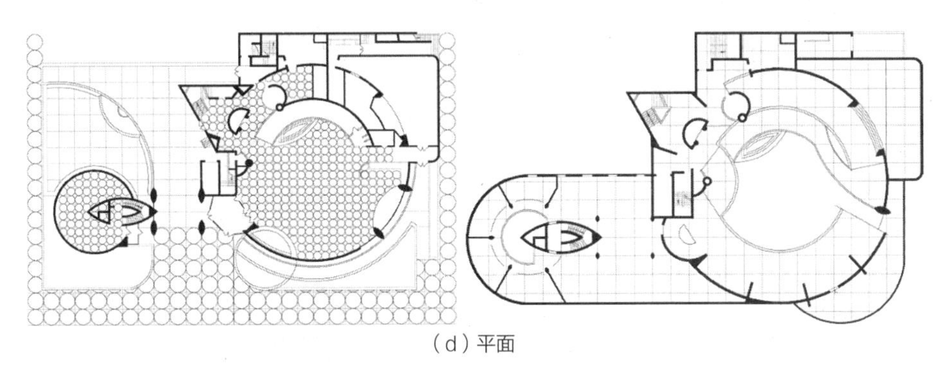

（d）平面

图1-3-9　坡道示例（二）

该建筑为美国纽约古根海姆美术馆。

这栋建筑是以坡道观览美术馆的先河之作。坡道环绕上覆玻璃屋顶的中庭缓缓升起，不同楼层的人们可以看到彼此、产生互动。

（a）芬兰赫尔辛基奇亚斯玛当代艺术博物馆

入口大厅坡道。

（b）宁波东钱湖华茂艺术教育博物馆

室内坡道。

（c）日本京都京都府立陶板名画庭

室外坡道。

（d）法国巴黎萨伏伊别墅

室内坡道。

（e）希腊市政供水办公楼

入口坡道。

图1-3-10 坡道示例（三）

人行坡道参数表　　表1-3-3

坡道位置	最大坡度	最小宽度（毫米）
有台阶的建筑入口	1∶12	≥1200
只设坡道的建筑入口	1∶20	≥1500
室内走道	1∶12	≥1000
室外通道	1∶20	≥1500
困难地段（特殊情况者）	1∶10～1∶8	≥1200

车行坡道参数表　　表1-3-4

	直线坡道		曲线坡道	
	百分比（%）	比值（高∶长）	百分比（%）	比值（高∶长）
微型车、小型车	15	1∶6.67	12	1∶8.3
轻型车	13.3	1∶7.5	10	1∶10
中型车	12	1∶8.3		
大型客车、大型货车	10	1∶10	8	1∶12.5
铰接客车	8	1∶12.5	6	1∶16.7

1.3.3　自动扶梯

自动扶梯以电力驱动阶梯状输送带前行，作垂直方向的人流输送，是建筑物楼层间连续运输效率最高的载客设备；用于车站、码头、地铁、航空港、大型商场等人流量大的场所。自动扶梯有直线式和弧线式两种（图1-3-11），一般正逆方向都可运行。

自动扶梯坡度一般为27.3°（配合楼梯用）、30°（优先采用）和35°（紧凑时用）等。自动扶梯运行速度控制在0.45～0.75米/秒，以0.5米/秒最为常见。

（1）基本尺度

自动扶梯的宽度有600毫米、900毫米、1200毫米等，其运行能力随宽度增加（表1-3-5）。

（2）设置

自动扶梯位置可在空间的中央、单侧或双侧；有单台设置或两台并设（图1-3-12～图1-3-14）。

（a）直线式自动扶梯

（b）弧线式自动扶梯

图1-3-11　自动扶梯

自动扶梯参数　　　　**表1-3-5**

<table>
<tr><th>广义梯级宽度（毫米）</th><th>提升高度（毫米）</th><th>倾斜角（°）</th><th>额定速度（米/秒）</th><th>理论运用能力（人/小时）</th><th>电源</th></tr>
<tr><td>600，800</td><td rowspan="2">3000～10000</td><td rowspan="2">27.3°，30.35°</td><td rowspan="2">0.5，0.6</td><td>4500, 6750</td><td rowspan="2">动力三相交流380V，50Hz；功率3.7～15kW；照明220V，50Hz</td></tr>
<tr><td>1000，1200</td><td>9000</td></tr>
</table>

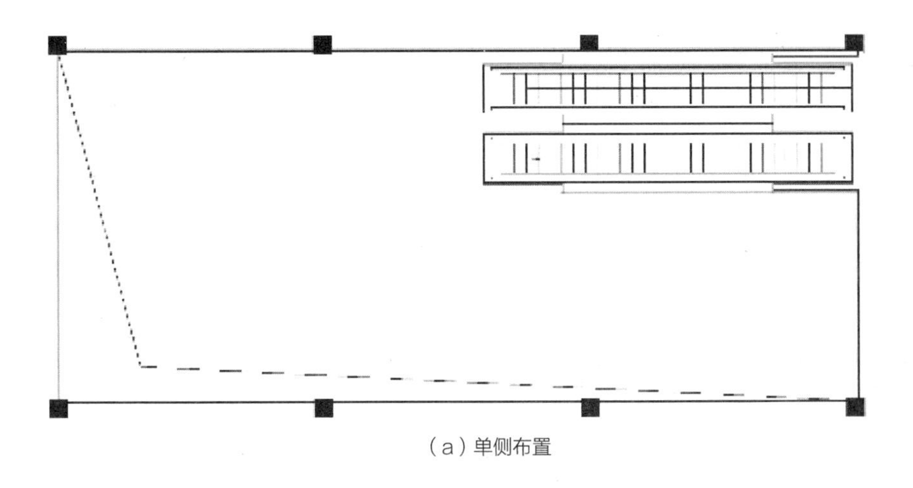

（a）单侧布置

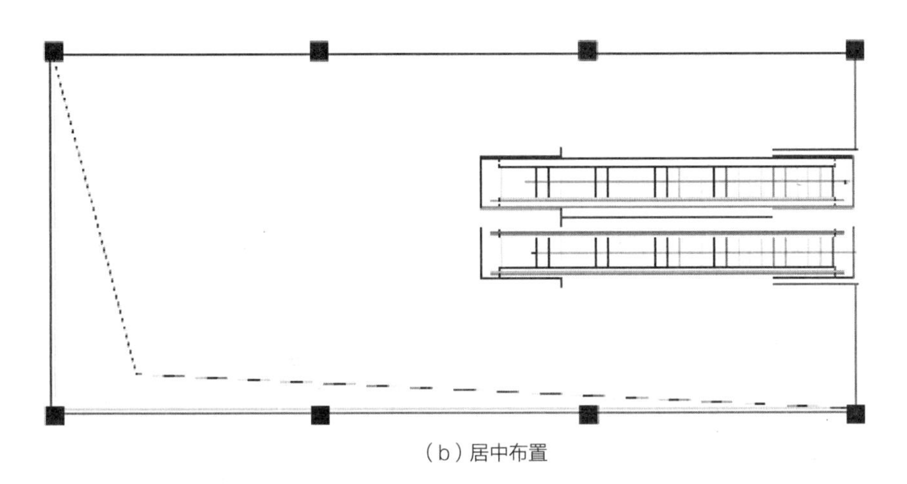

（b）居中布置

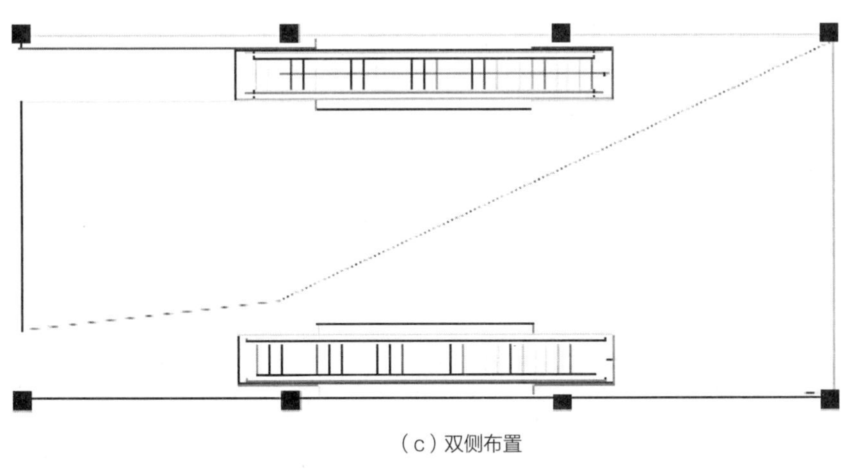

（c）双侧布置

图1-3-12　自动扶梯布置方式示图（一）

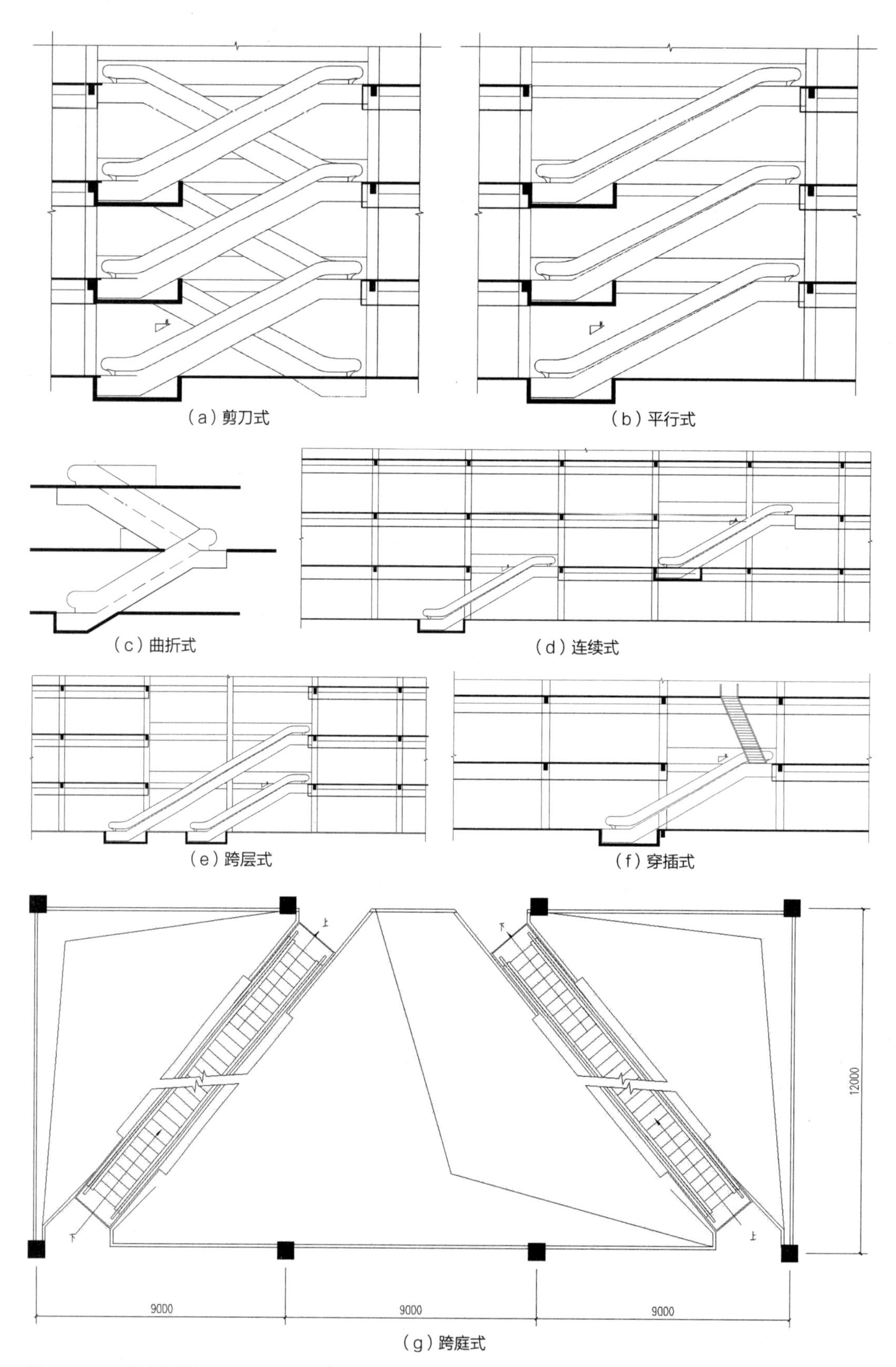

图1-3-13　自动扶梯布置方式示图（二）

（a）剪刀式　　　　　　　　（b）平行式

（c）交叉式

图1-3-14　自动扶梯（中庭）示例

1.3.4 自动坡道

自动坡道是以电力驱动平坦输送带前行的人流输送的设备，一般有两种，即水平坡道和斜行坡道；常用于大型车站、码头、航空港、大型商场等人流量大、移动距离长、需携带行李箱、行李车、购物车的建筑中（图1-3-15～图1-3-17）。

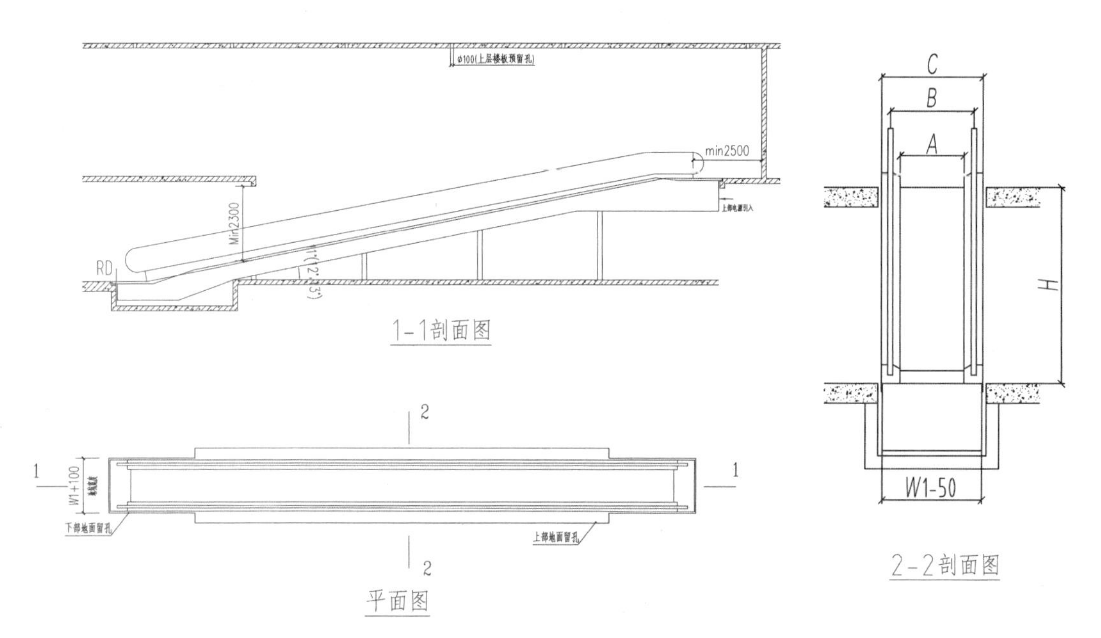

图1-3-15 自动坡道示图

图1-3-16 水平坡道示例

图1-3-17　斜行坡道示例

自动坡道大多两两布置，兼顾上下，虽占用空间较多，但在大型的商业建筑、交通枢纽中可以有效减轻人们因长距离移动产生的疲累，缓慢的运行速度可以使人们环顾四周景观，因而备受欢迎，得到了广泛采用。

（1）基本尺度

自动坡道的宽度有600毫米、900毫米、1200毫米（表1-3-6）。

自动坡道参数表　　**表1-3-6**

<table>
<tr><th>类型</th><th>倾斜角</th><th>踏板宽度A（毫米）</th><th>额定速度（米/秒）</th><th>理论运送能力（人/小时）</th><th>提升高度（米）</th><th>电源</th></tr>
<tr><td>水平式</td><td>0°～4°</td><td>800
1000
1200</td><td>0.50
0.65
0.75
0.90</td><td>9000
11250
13500</td><td rowspan="2">2.2～6.0</td><td rowspan="2">动力三相交流380V，50Hz；功率3.7～15kW；照明220V，50Hz</td></tr>
<tr><td>倾斜式</td><td>10°
11°
12°</td><td>800
1000</td><td>—</td><td>6750
9000</td></tr>
</table>

（2）设置

自动坡道设于层高较大的公共建筑中，占据建筑长度、面积较大，为了在商场、超市不破坏营业空间的完整性，应选择靠外墙、利于顾客方便出入的位置。

在自动坡道的上下出入口位置宜设置存放购物车或行李车的空间，并设置明显的标识，避免拥挤以及事故的发生。

2

楼梯的类型

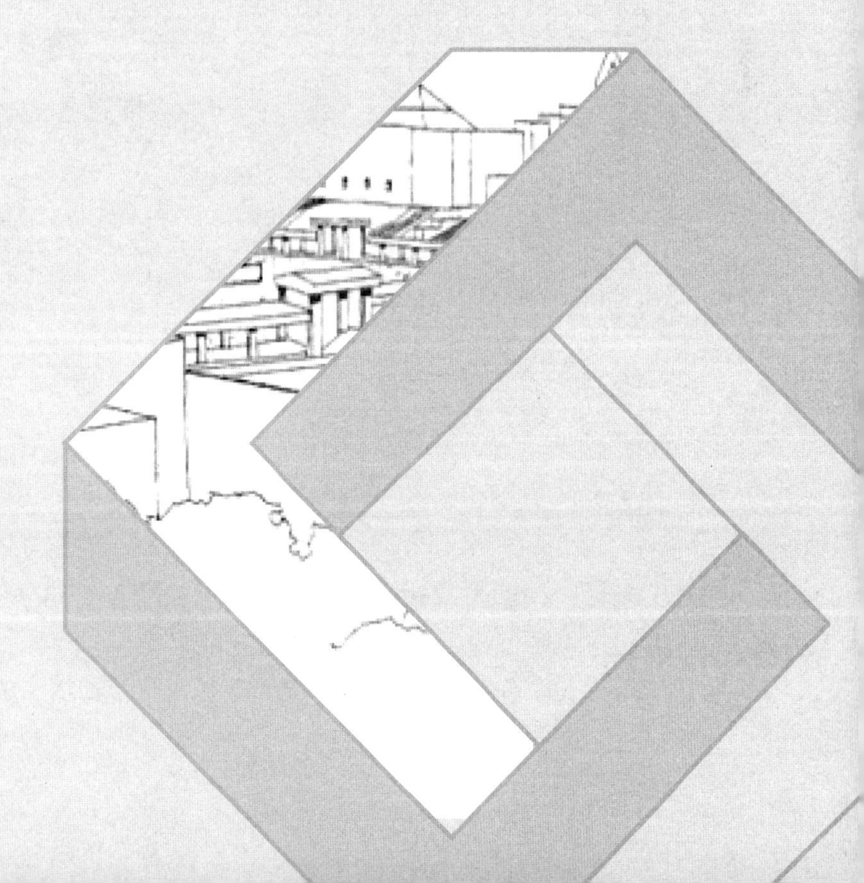

楼梯的类型可以从不同的方面来划分。以抽象角度来观察楼梯的组成部分，楼梯可分为六种基本类型；从所处建筑的位置来划分，可分为“室外楼梯”和“室内楼梯”；从楼梯与周围空间的关系来划分，可以分为“开敞楼梯”和“封闭楼梯”；从楼梯的功能特点划分，可分为“疏散楼梯”和“非疏散楼梯”；从结构的主要材料来划分，分为“木楼梯”“钢楼梯”“钢筋混凝土楼梯”“玻璃楼梯”，等等，这些楼梯类型都可以帮助我们深入认识、了解楼梯的一些特点。

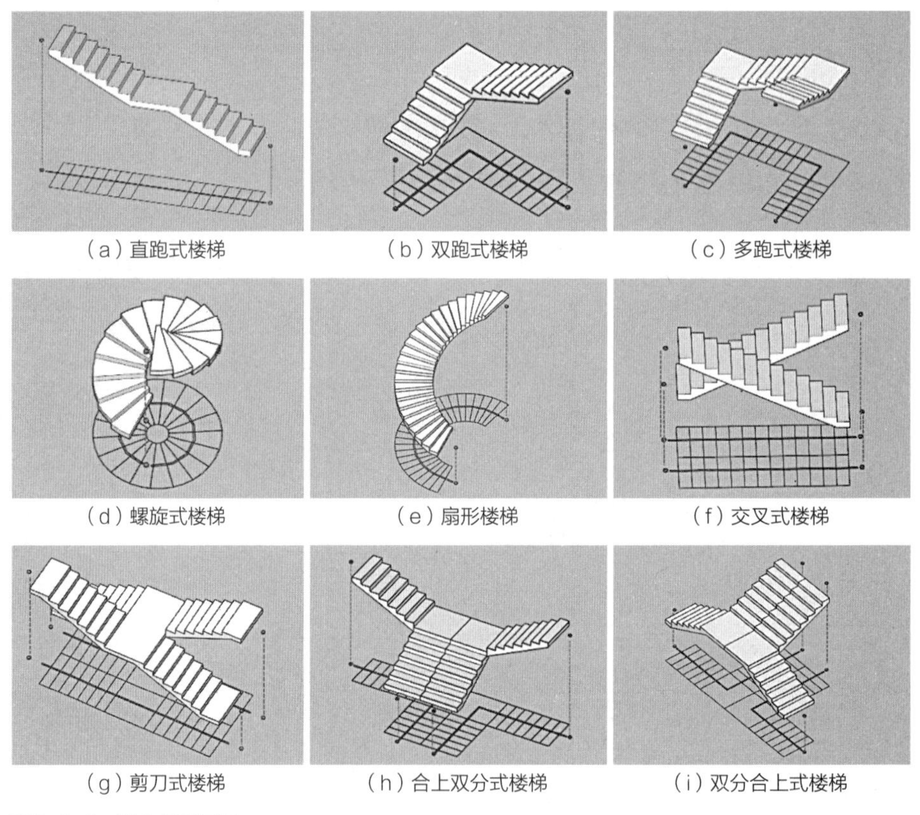

（a）直跑式楼梯　（b）双跑式楼梯　（c）多跑式楼梯

（d）螺旋式楼梯　（e）扇形楼梯　（f）交叉式楼梯

（g）剪刀式楼梯　（h）合上双分式楼梯　（i）双分合上式楼梯

图2-0-1　基本类型示图

2.1　基本类型

2.1.1　直跑式楼梯（图2-1-1～图2-1-3）

直跑式楼梯指以直线行进的梯段连接不同楼层的楼梯。其行进方向唯一，引导性、指向性和节奏感强。直跑式楼梯高差在2.2～3米时，一跑踏步数不大于18步，常用于复式住宅中；其高差较大时，需增加休息平台、设多个梯段，其整体形态修长简洁，多个梯段的踏步数均匀设置。

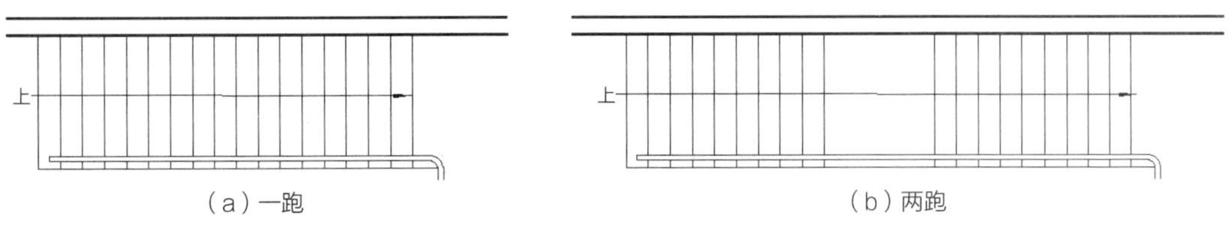

图2-1-1　直跑楼梯示图

图2-1-2　直跑式楼梯示例（一）

（a）一梯段直跑式楼梯　　（b）多梯段直跑式楼梯1

（c）两梯段直跑式楼梯　　（d）多梯段直跑式楼梯2

（e）大空间中的多梯段直跑式楼梯　　（f）方向略有变化多梯段直跑式楼梯

图2-1-3　直跑式楼梯示例（二）

2.1.2 双跑式楼梯（图2-1-4～图2-1-6）

双跑式楼梯指两个梯段连接不同高度楼层的楼梯，也称为两跑式楼梯，是最常见的楼梯类型。双跑式楼梯的梯段、栏杆（板）、中间平台、周围空间之间都互有遮挡，以增加空间层次。双跑式楼梯两个梯段踏步数可以不同，其夹角也可以变化。

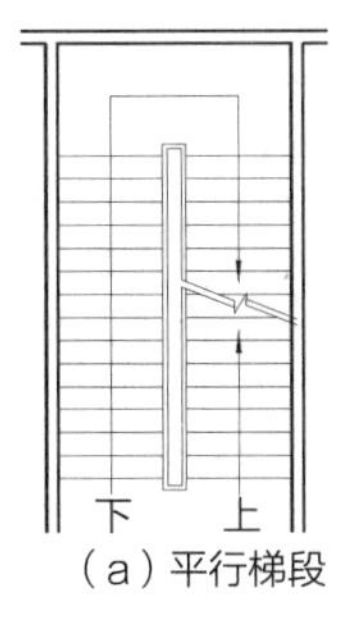

（a）平行梯段

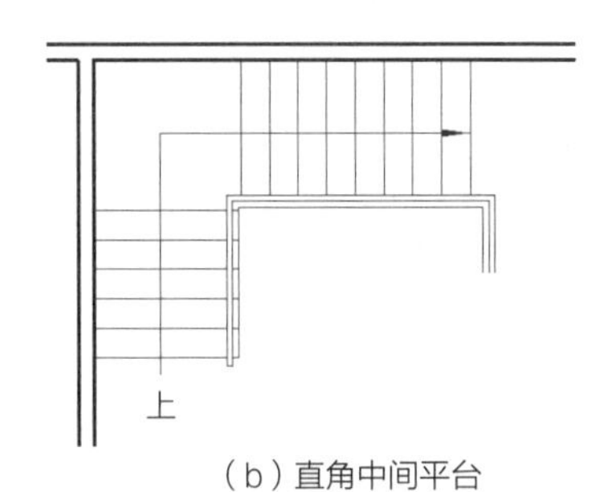

（b）直角中间平台

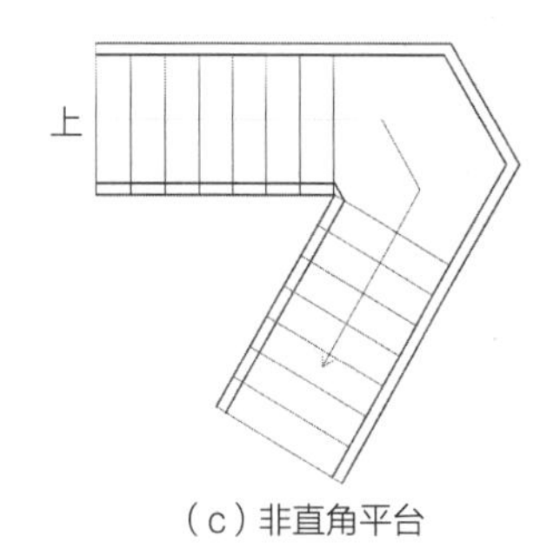

（c）非直角平台

图2-1-4　双跑式楼梯示图

（a）侧面暴露的双跑式楼梯，住宅

（b）侧面暴露的双跑式楼梯，大厅

（c）中间平台位置看双跑式楼梯，敞开楼梯

（d）起步位置看双跑式楼梯，敞开楼梯间

图2-1-5　双跑式楼梯示例（一）

（a）不等跑的双跑式楼梯

（b）等跑的双跑式楼梯

（c）梯段夹角为直角的双跑式楼梯

（d）梯段夹角为钝角的双跑式楼梯

（e）非直角平台

图2-1-6　双跑式楼梯示例（二）

2.1.3　多跑式楼梯（图2-1-7～图2-1-9）

多跑式楼梯指三个或更多梯段连接两个楼层的楼梯，其占据空间较大。多跑式楼梯调整梯段数量、方向、长度、梯段角度后的形态较为活泼，可以起调节空间氛围的作用，也能满足建筑的更多要求。

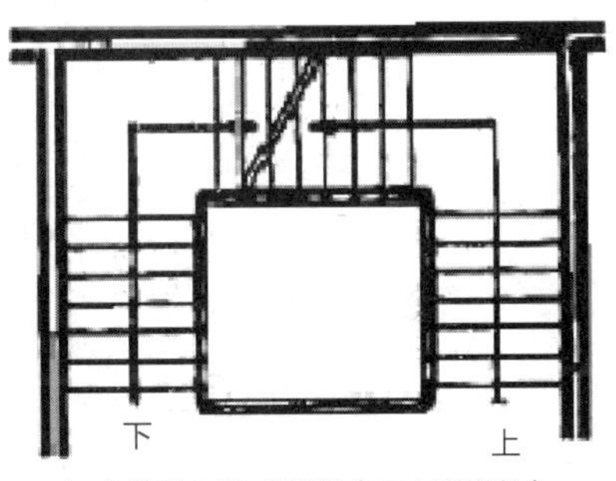

（a）等跑三跑式楼梯（正方形梯井）

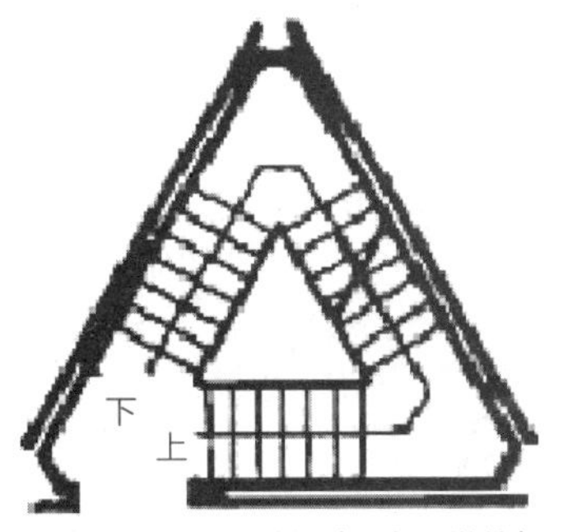

（b）等跑三跑式楼梯（三角形梯井）

图2-1-7　三跑式楼梯示图

（a）住宅三跑式楼梯，梯段夹角90°，中间跑略短

（b）公共建筑三跑式楼梯，梯段平行、踏步数相同

（c）住宅三跑式楼梯，梯段夹角不同、踏步数不同

（d）（e）住宅三跑式楼梯，梯段夹角不同，一跑略长

图2-1-8　多跑式楼梯示例（一）三跑式楼梯

图2-1-9　多跑式楼梯示例（二）三跑式、四跑式楼梯

2.1.4　螺旋式楼梯

螺旋式楼梯（图2-1-10 ~ 图2-1-13）是梯段围绕中轴盘旋向上的楼梯，踏步两侧宽度不一致，外观形态呈曲线，形态柔美，其可以分为两种：

（1）一种为踏步紧贴中轴，踏步两侧宽度变化大，行进方向变化剧烈，体积小，结构紧凑；在国内不能用作无障碍楼梯、公共楼梯。此种螺旋式楼梯常用于住宅户内、小面积夹层空间，半径一般在0.7米。现在的螺旋式楼梯多为预制式钢结构。

（2）一种为踏步远离中轴，踏步两侧宽度变化较小，行进方向变化舒缓；其内侧踏步宽度应大于或等于230毫米，可作无障碍楼梯、公共楼梯。此种螺旋式楼梯依平面形状又可称为扇形楼梯（弧形楼梯）、圆形楼梯，体积较大。

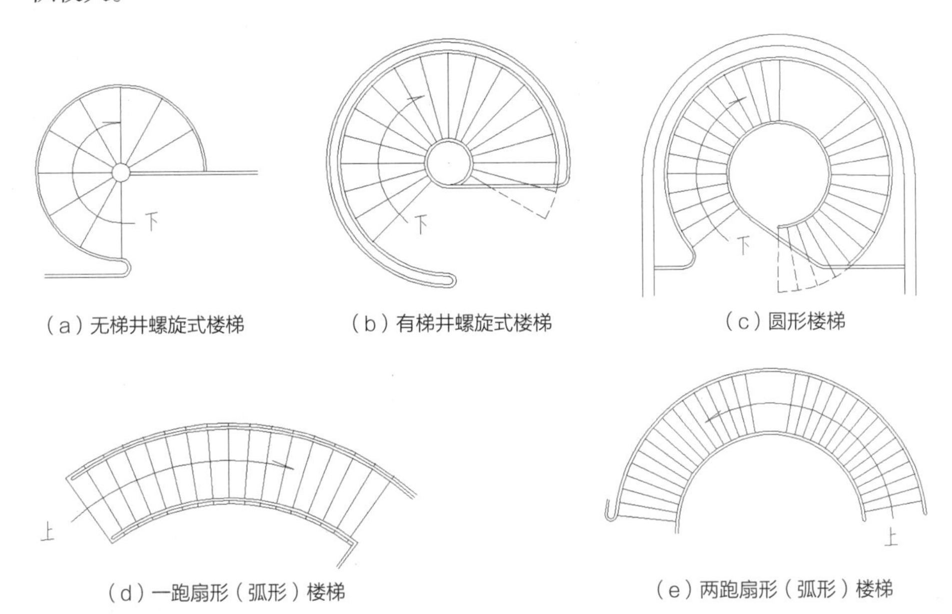

（a）无梯井螺旋式楼梯　（b）有梯井螺旋式楼梯　（c）圆形楼梯

（d）一跑扇形（弧形）楼梯　（e）两跑扇形（弧形）楼梯

图2-1-10　螺旋式楼梯示图

（a）踏步紧贴中轴的螺旋式楼梯，外观轮廓曲线峻峭　（b）踏步距中轴较近的螺旋式楼梯，外侧轮廓曲线舒缓

图2-1-11　螺旋式楼梯示例（一）形态优美的螺旋式楼梯

图2–1–12　螺旋式楼梯示例（二）踏步靠近中轴的螺旋式楼梯

图2-1-13　螺旋式楼梯示例（三）踏步远离中轴的螺旋式楼梯

2.1.5　交叉式、剪刀式楼梯

交叉式楼梯由两个一跑楼梯的梯段交叉并立得名；剪刀式楼梯由两个楼层平台之间有两个两跑直梯在休息平台处连接，如剪刀状得名（图2-1-14～图2-1-16）。两种楼梯宽度较大，有明确的中轴线，又较直跑式、双跑式楼梯的外观更为活泼。其在大型公共建筑中开敞使用，占地较大、活跃气氛，可谓“四通八达”；在封闭楼梯间中使用，可以增加出口数量、疏散宽度。

封闭楼梯间的交叉式楼梯多用于高层住宅；封闭楼梯间的剪刀式楼梯多用于人流密集、层高较大的商业、观演、会展类的公共建筑。

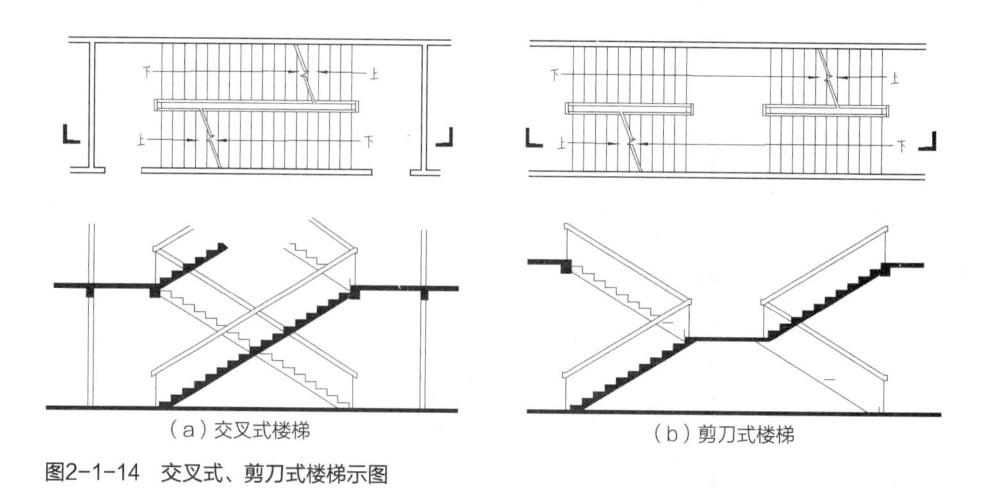

（a）交叉式楼梯　　（b）剪刀式楼梯

图2-1-14　交叉式、剪刀式楼梯示图

图2-1-15　交叉式、剪刀式楼梯示例（一）

图2-1-16　交叉式、剪刀式楼梯示例（二）

室内、室外的交叉式、剪刀式楼梯是赋予外部造型、内部空间特色的重要构件，使用时须注意其空间的位置、尺度，以及细部的处理，避免空间的拥塞。

2.1.6　合上双分式、双分合上式楼梯

合上双分式楼梯是第二跑一分为二的直跑式楼梯，双分合上式楼梯则是第一跑一分为二的直跑式楼梯（图2–1–17 ~ 图2–1–19）。

合上双分式、双分合上式楼梯的宽度较大，中间平台更为突出；常常以两跑梯段的不同长度，建立与起步位置或上层平台更为紧密的空间关系。合上双分式、双分合上式楼梯可以有多跑，延续合→分→合→分……或分→合→分→合……

合上双分式、双分合上式楼梯因为自身形态强调中轴线、体积大的原因，在古典、近代建筑中常见，在现代建筑、中小型建筑中较少使用。

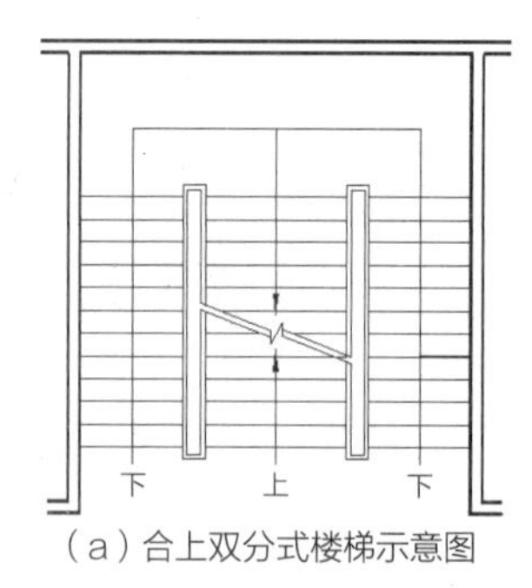

（a）合上双分式楼梯示意图

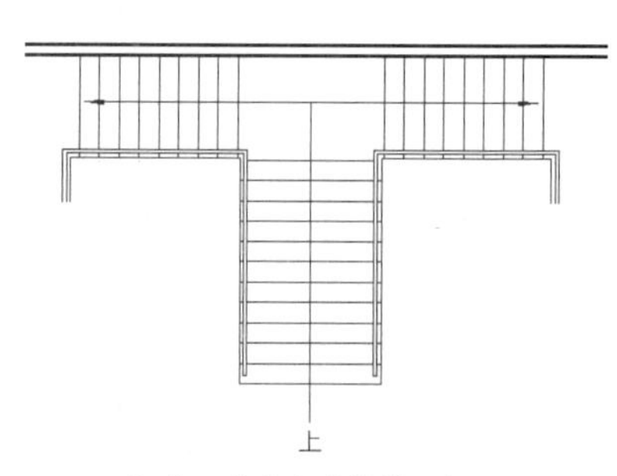

（b）双分合上式楼梯示意图

图2–1–17　合上双分式、双分合上式楼梯示意图

图2–1–18　合上双分式楼梯示例

（a）楼层较高时的合上双分式楼梯，中间转折处休息平台连接的是三个两跑的直跑梯段

（b）梯段夹角为直角的三跑双分合上式楼梯

（c）合上双分式楼梯，梯段平行

图2-1-19　合上双分式、双分合上式楼梯示例

2.2　构造

楼梯的构造是指楼梯的不同结构、材料和施工条件下，楼梯的节点设计，包含以下三个方面：

（1）楼梯的结构选型；

（2）楼梯的装饰性材料；

（3）楼梯组成部分（踏步、栏杆、扶手等）的细节处理。

2.2.1 楼梯的结构选型

楼梯的结构选型决定了楼梯的形态，其按主要结构构件、踏步的承重方式可分为以下五种样式：砌筑式、梁式、板式、悬挑式、悬挂式。不同的材料，如砖、木、钢筋混凝土、钢等，也会影响楼梯的形态。

（1）砌筑式楼梯

砌筑式楼梯的楼梯结构是多个砌块单元的叠加、垒砌，其可以是砖块、混凝土块、木块，也可以是板材。砌筑式楼梯的重量较大，多用在楼梯所在下方无地下室的建筑一层（图2–2–1）。

（a）木块砌筑的直跑式楼梯

图2–2–1　砌筑式楼梯示例

（b）木块砌筑的螺旋式楼梯

（c）砖块砌筑的螺旋式楼梯

图2-2-1　砌筑式楼梯示例（续）

（2）梁式楼梯

梁式楼梯指在楼梯不同位置设楼梯梁以承受踏步传来重量的楼梯，其根据梁的位置、数量、受力分为单梁式楼梯、双梁式楼梯、栏板梁式楼梯、扭梁式楼梯等。梁式楼梯结构多采用钢筋混凝土现浇或是钢、木材料预制（图2-2-2～图2-2-5）。

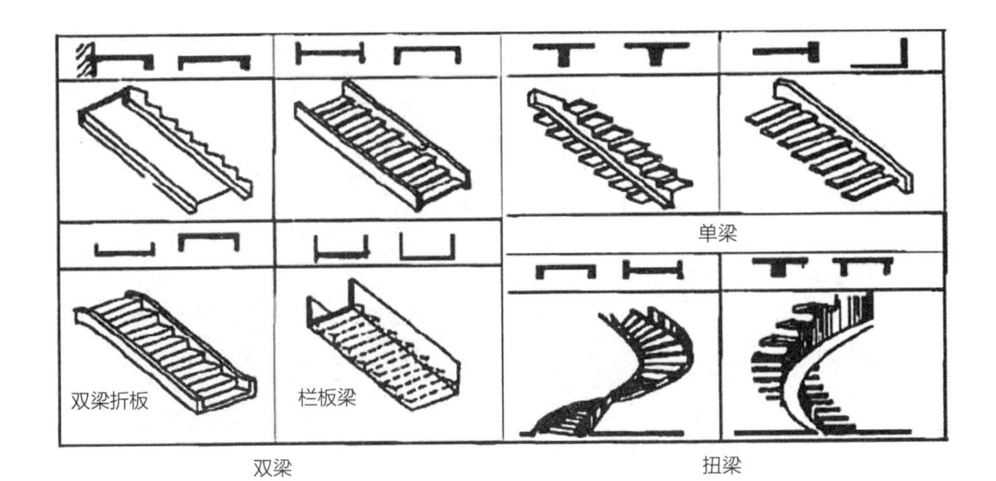

图2-2-2　梁式楼梯示意图

图2-2-3　梁式楼梯示例（一）单梁式楼梯

（a）梯段下方钢梁，踏板两端挑出梁外　　（b）踏步两侧钢筋混凝土梁

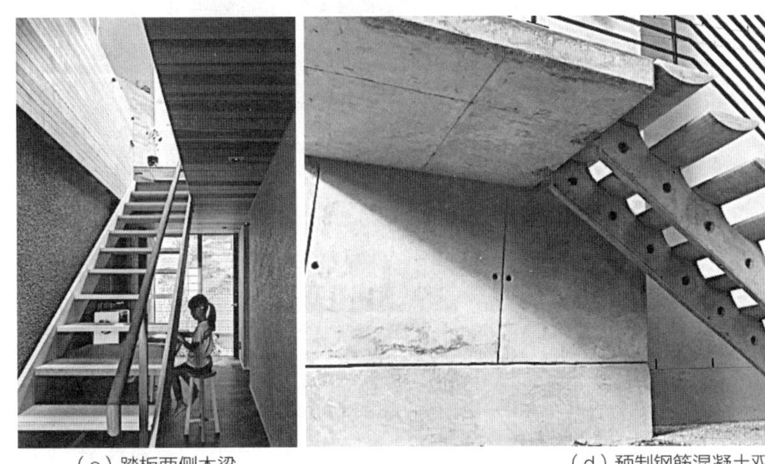

（c）踏板两侧木梁　　（d）预制钢筋混凝土双梁

（e）现浇钢筋混凝土梁　　（f）踏板两侧钢梁

图2-2-4　梁式楼梯示例（二）双梁式楼梯

（a）踏板两侧钢梁　（b）造型钢梁

（c）钢筋混凝土扭梁、踏板悬挑　（d）钢筋混凝土扭梁

（e）踏板两侧钢扭梁　（f）踏板两侧钢梁

图2-2-5　梁式楼梯示例（三）双梁式、扭梁式楼梯

（3）板式楼梯

板式楼梯其主要结构构件为踏板或是踏步为整体的板，分为平板、折板、扭板、搁板（墙承式）。板式楼梯均可用钢筋混凝土现浇，因其较为厚重，可用于大型公共建筑的大厅、中庭，钢筋混凝土框架结构的多层、高层住宅的公共楼梯；折板式楼梯、扭板式楼梯结构可以钢材预制，在民用建筑中的使用更为广泛（图2-2-6～图2-2-8）。

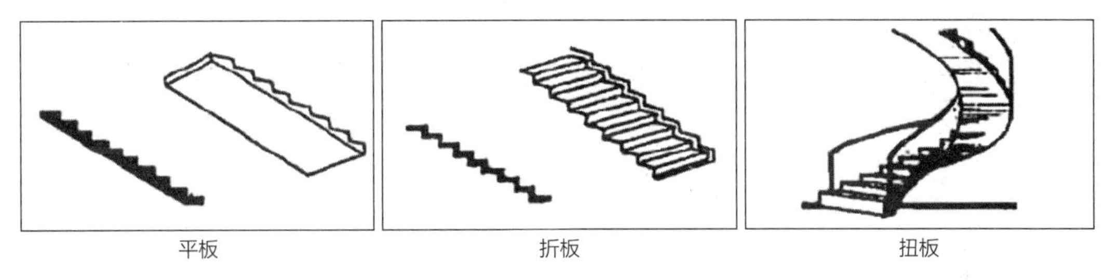

图2-2-6　板式楼梯示图

（a）折板式钢筋混凝土楼梯　（b）穿孔金属锈板包裹的板式楼梯　（c）钢梯段板木踏板装配式楼梯

图2-2-7　板式楼梯示例（一）

（a）现浇钢筋混凝土折板式楼梯

（b）现浇钢筋混凝土折板式楼梯，踢面、踏面饰以木板

（c）现浇钢筋混凝土折板式楼梯，踢面、踏面饰以木板

（d）现浇钢筋混凝土折板式楼梯

图2-2-8 板式楼梯示例（二）

（4）悬挑式楼梯

悬挑式楼梯的主要结构构件为悬挑踏步或梯段板，从墙、梁、柱向外悬挑承重。悬挑式楼梯占室内空间少，外形简洁，悬挑踏板多用于住宅套内自用，悬挑梯段板多见于公共建筑；踏板、挑板可用钢筋混凝土、金属、木材、组合材料现浇或预制（图2-2-9～图2-2-12）。

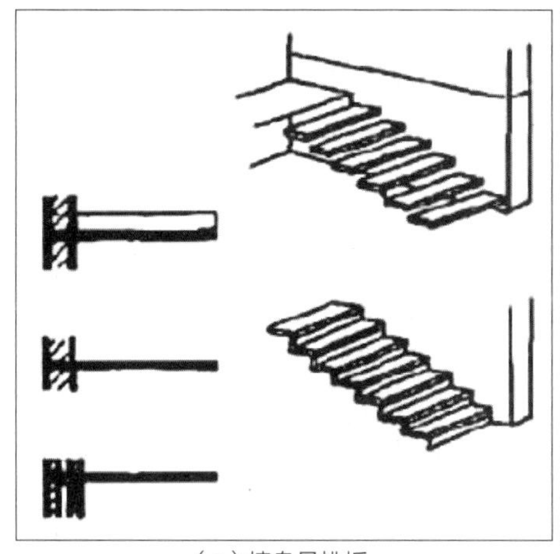

（a）墙身悬挑板

（b）中柱悬挑板

图2-2-9　悬挑式楼梯示意图

（a）钢筋混凝土踏板悬挑

（b）钢筋混凝土踏板悬挑

（d）现浇钢筋混凝土梯段板悬挑平板

（c）现浇钢筋混凝土悬挑扭板

图2-2-10　悬挑式楼梯示例（一）

悬挑式楼梯两个梯段板一个受拉一个受压，属于空间受力体系。平台板是悬挑板，由于两个梯段板在不同垂面内，因此梯段板、平台板均会受到一些平面外的力。而悬挑的螺旋式楼梯就像一小段弹簧，上下两段连接楼面上，受力特点主要是上半段受拉力，下半段受压力，同时还承受弯、剪、扭力的作用。

（a）钢梁悬挑踏板施工图片

（b）现浇钢筋混凝土墙悬挑板

（c）现浇钢筋混凝土梁悬挑板施工图片

（d）悬挑踏板较厚的楼梯

（e）钢梁挑板木饰踏面

图2-2-11 悬挑式楼梯示例（二）

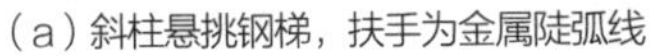
（a）斜柱悬挑钢梯，扶手为金属陡弧线

（b）直中柱悬挑木纹饰面钢踏板

（c）扭柱悬挑钢踏板

（d）扭柱悬挑楼梯，两侧扶手采用同样形态

（e）直中柱悬挑踏板，踏板有变化

图2-2-12　悬挑式楼梯示例（三）

螺旋形的楼梯以其优美的曲线，轻盈、通透的造型，深受人们的青睐，在私宅、小型公共建筑中常常作为建筑空间中引人注目的艺术装置。

（5）悬挂式楼梯

悬挂式楼梯为踏步、梯段用自上悬垂的杆、板、柱吊在空中的楼梯结构，可分为一端悬挂式、两端悬挂式、垂柱悬挂式楼梯等（图2-2-13～图2-2-16）。为减轻重量，悬挂式楼梯多用金属、木材、玻璃等材料；连接件较多，安装要求较高。垂杆也可用钢材连接为一体的垂体代替。

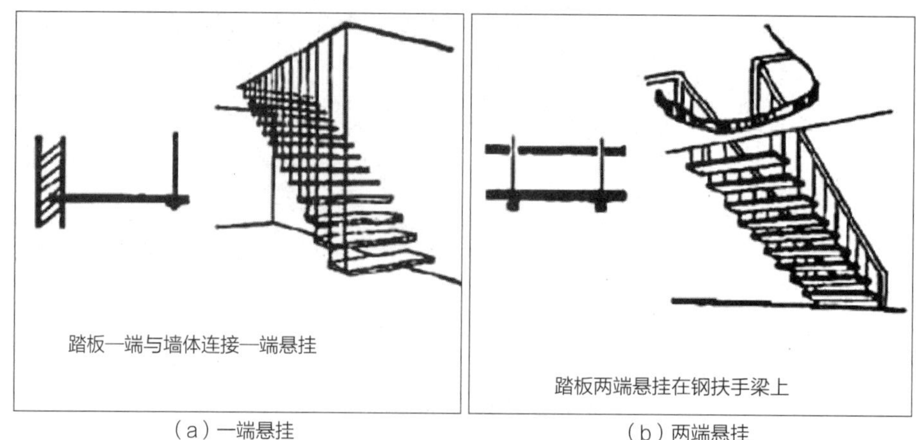

（a）一端悬挂　　（b）两端悬挂

图2-2-13　悬挂式楼梯示意图

（a）一端悬挂

（b）一跑一端悬挂，二跑两端悬挂

（c）一跑一端悬挂

图2-2-14　悬挂式楼梯示例（一）

（a）一端悬挂　　（b）一端悬挂

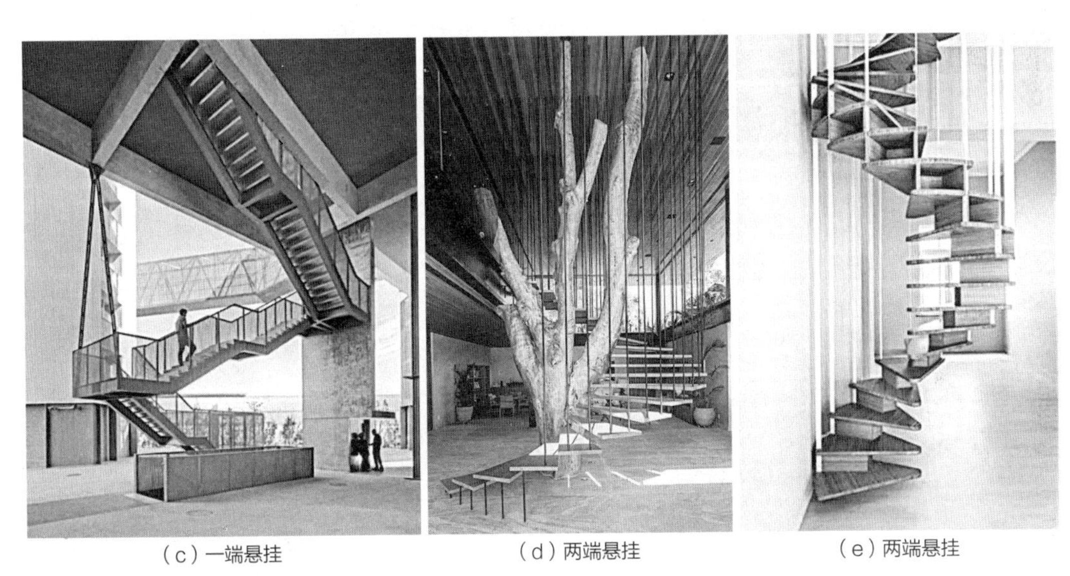

（c）一端悬挂　　（d）两端悬挂　　（e）两端悬挂

图2-2-15　悬挂式楼梯示例（二）

悬挑式楼梯、悬挂式楼梯中双侧不透明栏板会略显沉重，往往采用单侧、双侧玻璃栏板、栏杆使视线无遮挡。

（a）垂体悬挂

（b）用钢缆悬挂的楼梯

（c）两部垂体悬挂式楼梯，相对而立

（d）中柱悬挂

图2-2-16　悬挂式楼梯示例（三）

2.2.2 楼梯的装饰性材料

为了使楼梯在各个空间中取得锦上添花的理想效果，在主体结构的基础上，往往各组成部分用其他材料装饰，以得到视觉丰富的效果。当楼梯的装饰性材料与结构主体材料统一，楼梯在外观上可以更为简洁、清纯；或辅以其他材料，如玻璃栏板、金属扶手，为楼梯增添更多细节，加以灯光配合，使其更具特色（图2-2-17～图2-2-21）。

（a）钢楼梯，其整体统一的暗红色金属漆饰面与红色石材墙面统一又有差别

（b）钢楼梯，其统一的白色金属漆饰面与墙面一致

（c）钢筋混凝土楼梯，其统一的暗色墙漆饰面，与二层墙面一致，和两层高大厅的白色墙面、顶棚形成对比

（d）钢筋混凝土楼梯，其栏板与墙面颜色统一，地面颜色相近

图2-2-17 楼梯的装饰性材料（一）

（a）玻璃栏板楼梯

（b）玻璃踏步楼梯

（c）钢筋混凝土楼梯用白色石材铺地，玻璃栏板，空间素雅

（d）玻璃踏步楼梯使用钢梁

（e）玻璃楼梯

图2-2-18　楼梯的装饰性材料（二）

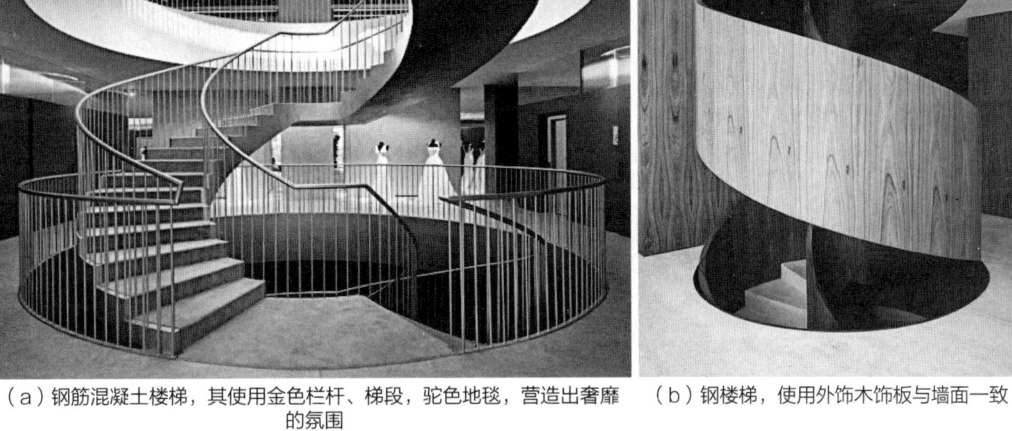

（a）钢筋混凝土楼梯，其使用金色栏杆、梯段，驼色地毯，营造出奢靡的氛围

（b）钢楼梯，使用外饰木饰板与墙面一致

（c）钢楼梯，使用木饰踏面，风格沉稳

（d）楼梯踏面与木地板统一，踢面与墙面、顶棚统一

（e）钢楼梯，其外饰白色金属漆与墙面、顶棚一致

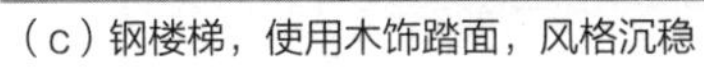

图2-2-19　楼梯的装饰性材料（三）

（a）钢筋混凝土楼梯，其木地板踏面、栏板顶、扶手采用木制与楼地面、栏板一致

（b）钢楼梯，其栏板外侧五彩斑斓与所在空间形成对比

（c）钢筋混凝土楼梯，使用木材装饰踏步，使空间具有温暖亲切感

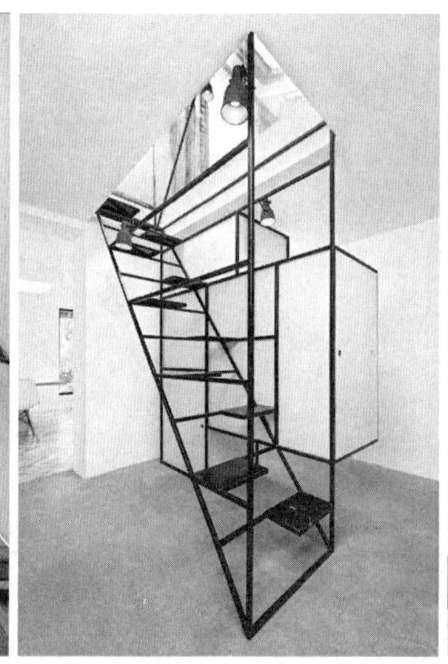

（d）金属框架楼梯，辅以木板，既有线条装饰空间，又有实用性

（e）楼梯与书架表面统一，形成连续的垂直界面

图2-2-20　楼梯的装饰性材料（四）

（a）木饰面楼梯，其辅以玻璃护栏

（b）踏面、侧面统一面层侧面通透，与下层造成鲜明差别，引人注意

（c）内外侧栏板采用不同材料

（d）栏板、踏面以石材包裹，留白侧面围合墙体

（e）侧面穿孔金属板孔的疏密、大小可以调整

图2-2-21　楼梯的装饰性材料（五）

2.3 台阶与台阶景观

2.3.1 台阶

台阶设于建筑的出入口，联系室内与室外地面。建筑的首层室内地面与外部地面存在内高外低的高差，目的是防止暴雨倾泻排水不畅、侵入室内。建筑室内外高差一般在450 ~ 600毫米，入口处设置少量台阶即可。当主入口与室外地面高差在2.50米以上时，使用多步台阶。

台阶同建筑一样，也有古典、现代的风格差异。同时，不同规模、功能的建筑，在台阶高度、深度、形状等细部的处理也有较大的差别。台阶是建筑入口空间的主要组成部分，其作用主要有：

（1）较长的台阶可以强化、凸显入口，形成序列；若台阶环绕建筑——类似台基，还有抬升建筑主体、形成宏伟威严形象的作用（图2–3–1 ~ 图2–3–3）；

（2）进一步表达建筑的风格特征（图2–3–4 ~ 图2–3–7）；

（3）室外台阶上方的雨篷、柱廊形成灰空间，造成的阴影效果产生虚实对比，借此形成视觉冲击（图2–3–8、图2–3–9）。

设计台阶时要注意区分不同的建筑类型、规模，尺度要得体，手法要创新，细节、风格与建筑整体协调。

（a）郑州河南艺术中心入口台阶

（b）宽大的台阶导向入口，形成序列

图2–3–1 台阶示例（一）序列

(a) 曲阜孔子学院入口台阶

(b) 北京中国科学院国家科学图书馆入口台阶

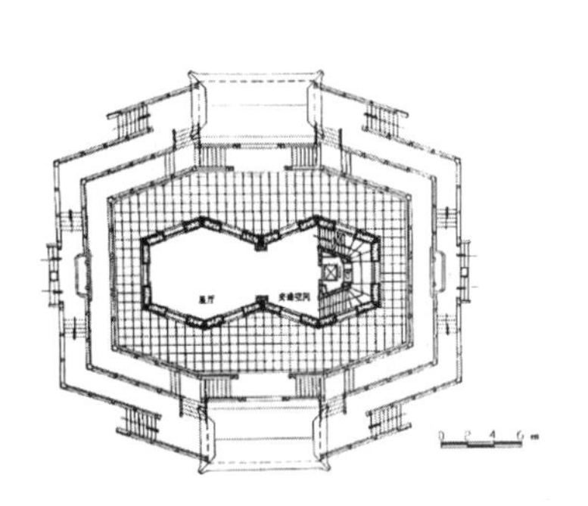

四层平面

(c) 郑州二七罢工纪念塔

图2-3-2　台阶示例（二）序列

为纪念1923年京汉铁路工人大罢工的工人在郑州集会，惨遭军阀镇压，两名铁路工人领袖、多位工友在此牺牲而建。原塔平面为两个并联的五角星，七层寓意“二七”。后因比例问题，增设环绕建筑的三层台阶、台基，实际层数增加至十一层，一侧为楼梯厅，一侧为纪念展厅。塔南侧开辟为二七广场，当今此处已成为城市的标志。

(a) 主入口台阶上望

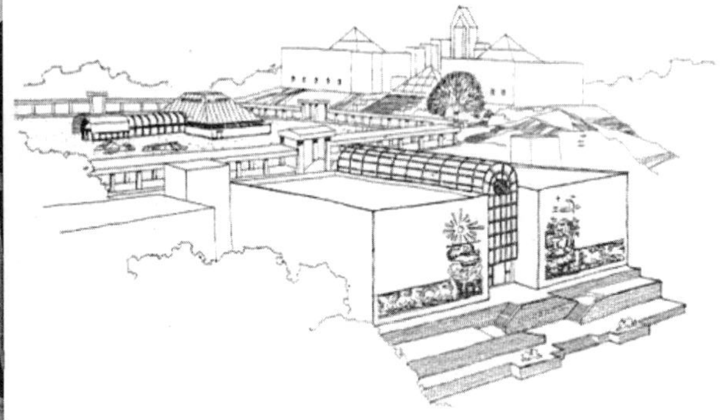

(b) 总体透视

图2-3-3　台阶示例（三）序列

广州，西汉南越王墓博物馆厅。
博物馆建在南越王墓遗址的坡地上。展馆三层，一层为录像室、报告厅，二、三层为展厅，两侧为附属办公楼。总体布局采用古典中轴对称原则与现代空间序列，建筑选材及造型传达出历史的内涵。

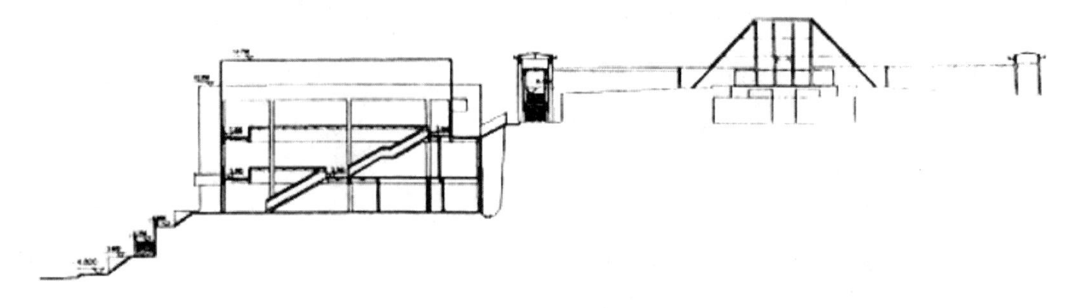

（c）主入口剖面，由主入口经陈列馆蹬道到墓室剖面

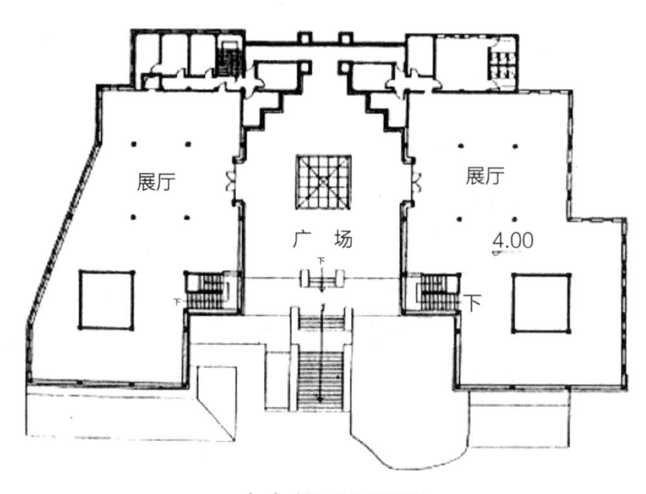

（d）主入口上层平面

图2-3-3　台阶示例（三）序列（续）

广州，西汉南越王墓博物馆厅。

博物馆建在南越王墓遗址的坡地上。展馆三层，一层为录像室、报告厅，二、三层为展厅，两侧为附属办公楼。总体布局采用古典中轴对称原则与现代空间序列，建筑选材及造型传达出历史的内涵。

（e）入口雕刻

（a）住宅入口台阶，其架于水池（泳池）之上，形成闲适的风格

（b）如同飞机舷梯般的台阶，挑起人们的好奇心

（c）郑州郑东新区公共艺术中心，其台阶沿土坡直线向上，简洁利落

（d）形成强烈光影效果的入口台阶

（e）“L”形的台阶，拓展了使用的方向、宽度，也使台阶显得活泼起来

图2-3-4　台阶示例（四）风格

台阶的形态如同楼梯一样，也可以多种多样，以此来适应建筑功能、风格上的需要。

（a）西南侧人视图

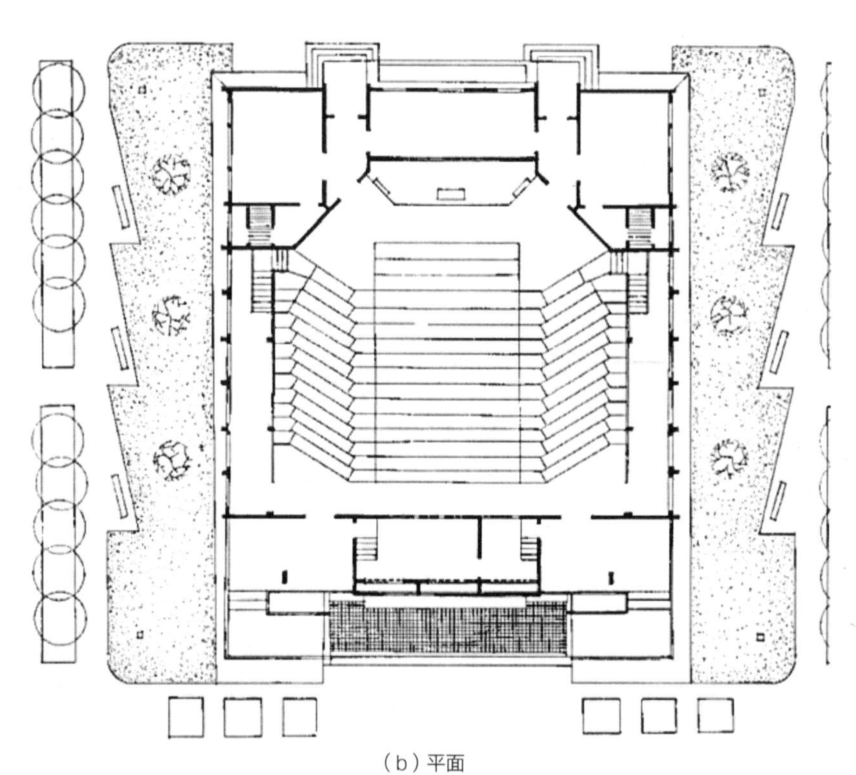

（b）平面

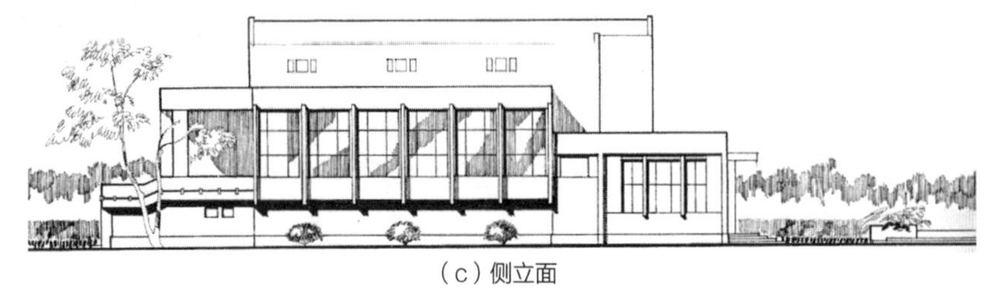

（c）侧立面

图2-3-5　台阶示例（五）风格

郑州，郑州大学北校区报告厅（原郑州工学院小礼堂）。

报告厅坐落于校园中心，主要入口以两部室外楼梯对称布置，通过门廊进入。报告厅采用台阶式排列座位，有良好的视听效果；南北两侧回廊既可供人们休息、交流，又增加了空间层次。造型上回廊的悬挑使建筑富有现代感。室外绿化、广场、铺装作了统一设计。

（a）鸟瞰

（b）入口透视

（c）外侧坡道

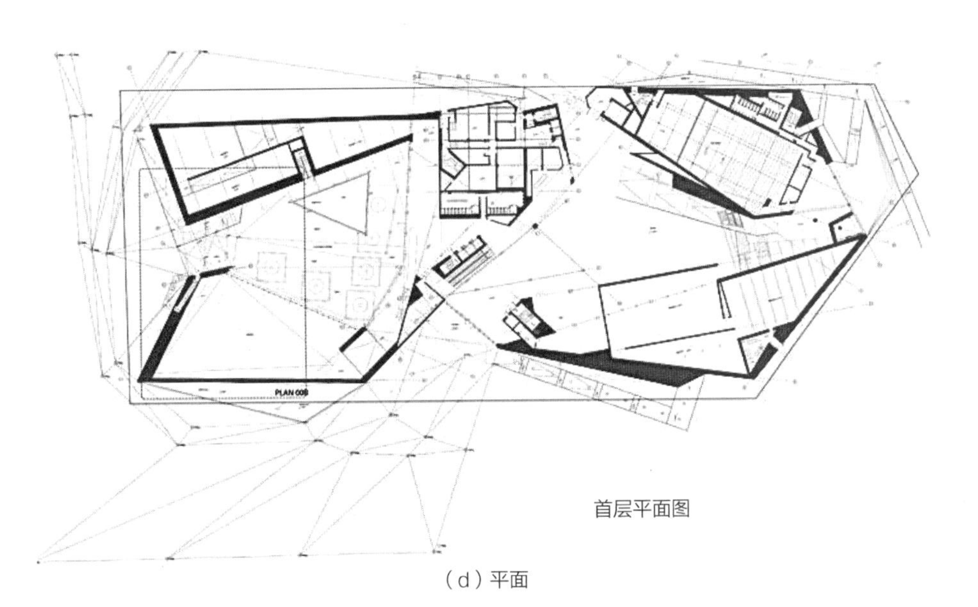

（d）平面

图2-3-6　台阶示例（六）风格

太原，太原美术馆。

太原美术馆是一个以连续及间断的长廊划分成的建筑组群。建筑同时亦作为城市园林，游客使用外部形态多变的台阶、坡道于建筑群外穿插到景观区以及雕刻公园参观。

（a）入口台阶

（b）室外楼梯

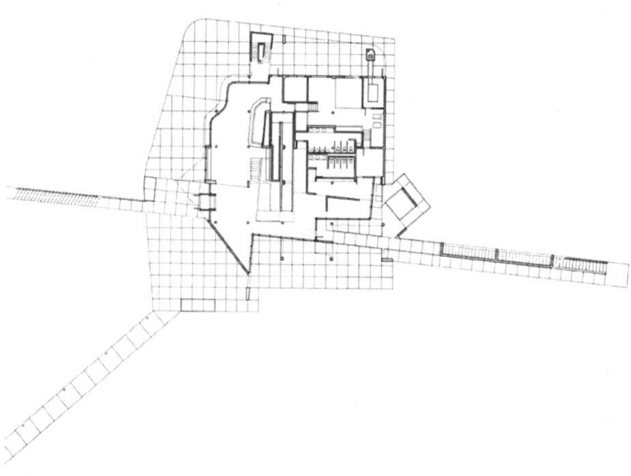

（c）一层平面

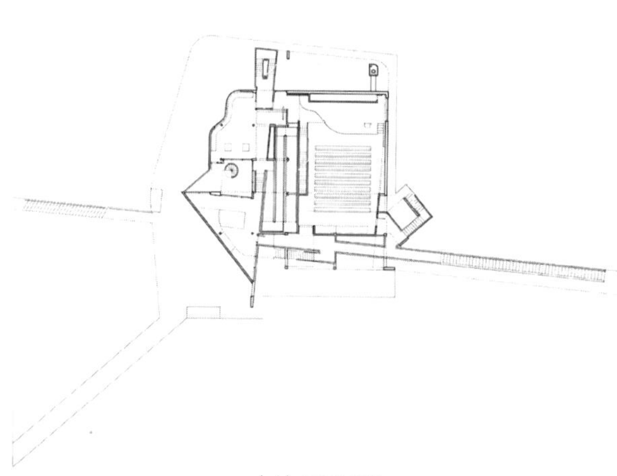

（d）二层平面

（e）内景

图2-3-7　台阶示例（七）风格

美国印第安纳州，The Atheneum社区文化馆。
平缓的台阶从小镇方向将人们引入建筑内部，经由坡道参观各个空间。

（a）青岛，青岛大剧院入口台阶与上部雨篷形成一个有遮蔽的过渡空间

（b）宽台阶与窄雨篷形成了对比

（c）北京，中国科学院研究生院教学楼（中关村园区）

（d）出挑的屋顶遮蔽了直通二层的台阶

图2-3-8　台阶示例（八）灰空间

(a) 空间仰望

(b) 挑空下部

图2-3-9 台阶示例(九)灰空间

日本福冈，福冈银行总店。
建筑入口设有九层高的挑空，形成介于建筑室内空间和城市空间之间，供市民自由进入使用的广场，避免了室内外的明显差异——这就是“灰空间”。它起源于日本传统建筑空间里的“缘侧”(指不使用榻榻米铺垫的、房屋外部有屋顶遮蔽，可作交通、休憩、交谈的多用途空间)。其广场上有大量树木，并设有日本当代雕塑。“灰空间”一词由日本著名建筑师黑川纪章提出，类似的空间在各国传统建筑中也多有出现，如我国南方的“骑楼”，其下部走廊也是“灰空间”。

(c) 外观

2.3.2 台阶景观

景观设计中有很多存在高差的基地，如大块的坡地、台地，凹陷的水体岸边，这时，台阶是重要的景观设计要素。它既是人们上下步行的通道，也是休闲观赏视点变化的主要位置。台阶的形态、构成，层层叠叠，成为现代城市、居住区、广场等公共空间的标志（图2-3-10～图2-3-15）。

图2-3-10 台阶景观示例（一）点

点块状的基本单元体经过构成手法的整理，形成景观、路径。

图2-3-11　台阶景观示例（二）线

室外景观中的台阶往往较长，可以利用其线条的形状变化形成有高差的地块边界。

图2-3-12　台阶景观示例（三）线

图2-3-13　台阶景观示例（四）线

与直线、折线相比，曲线较为柔和，使人心情放松。

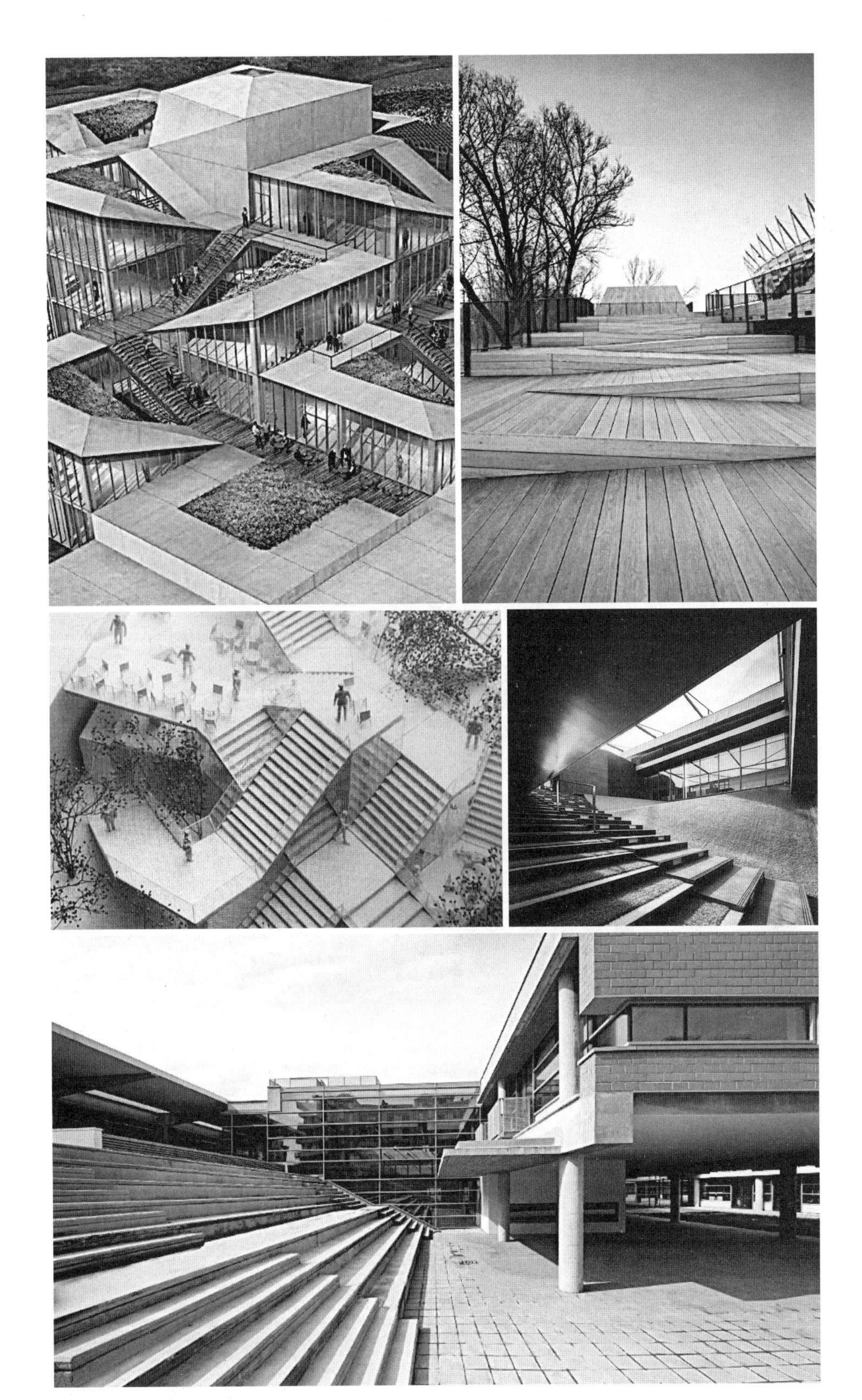

图2-3-14　台阶景观示例（五）面

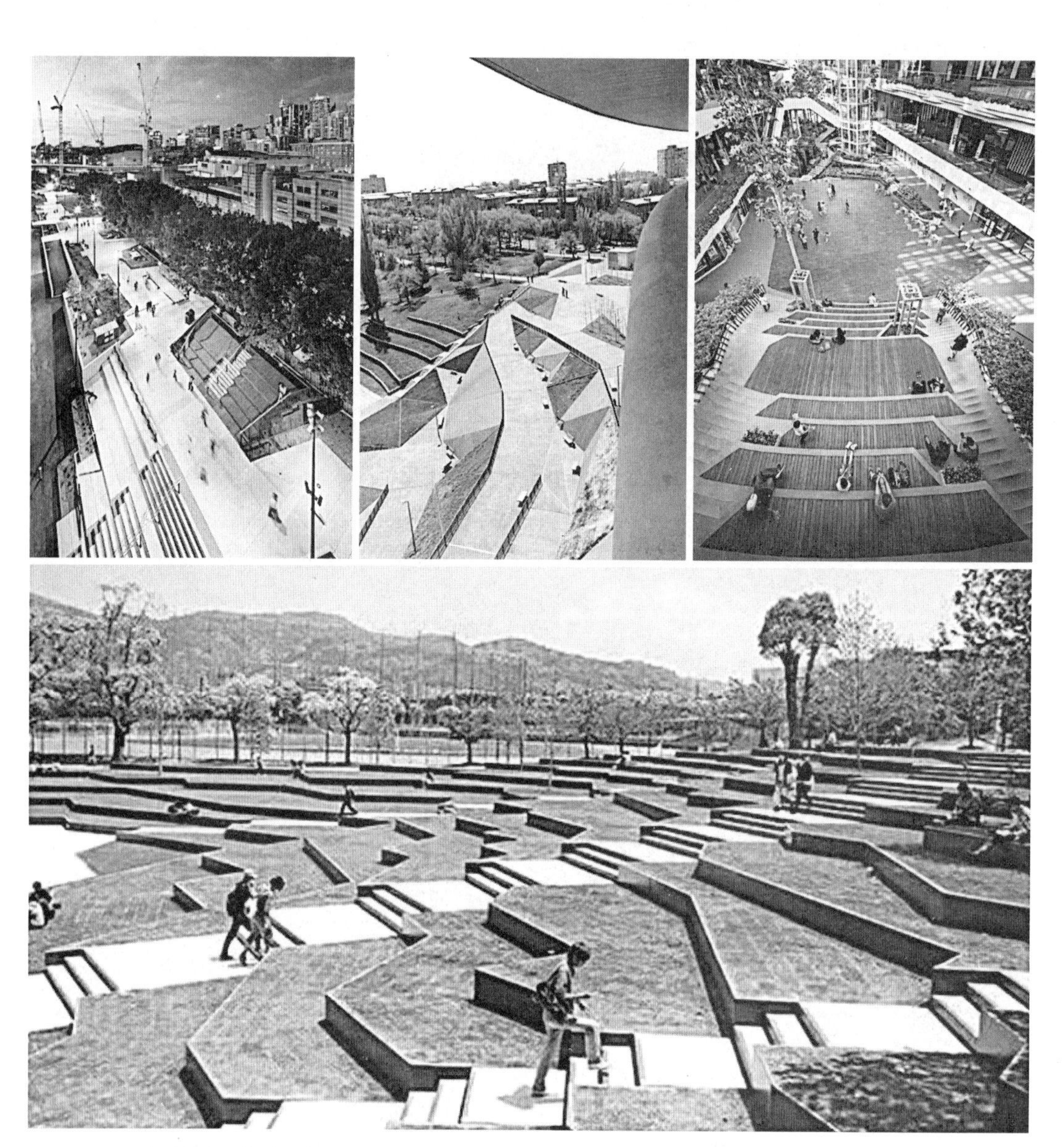

图2-3-15　台阶景观示例（六）面

点块状的基本单元体经过构成手法的整理，形成景观、路径。

2.3.3　景观楼梯

在传统文化中，登高望远是一项重要的活动，传统建筑中的名塔名楼不胜枚举，人们常说“欲穷千里目，更上一层楼”，现在，观光休闲地区设置的景观楼梯或是以主体楼梯构成的观景塔成为新的人造景观，人们不仅拾级而上、饱览风景，它自身的独特构思、精巧造型、新颖结构也吸引着人们的目光（图2-3-16～图2-3-18）。

图2-3-16　景观楼梯示例（一）

图2-3-17　景观楼梯示例（二）

（a）傍晚景色

（b）室内

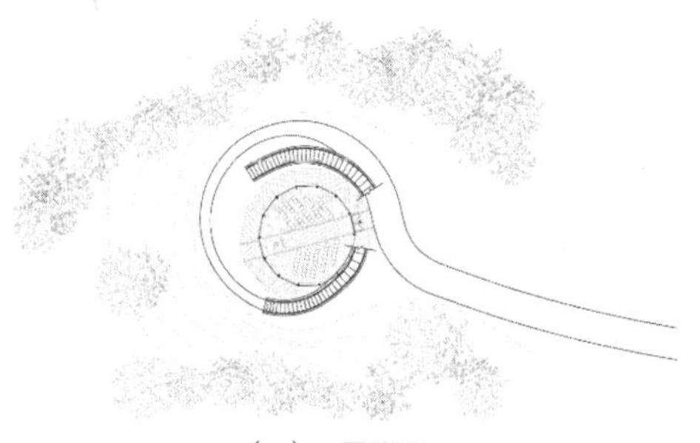

（c）一层平面

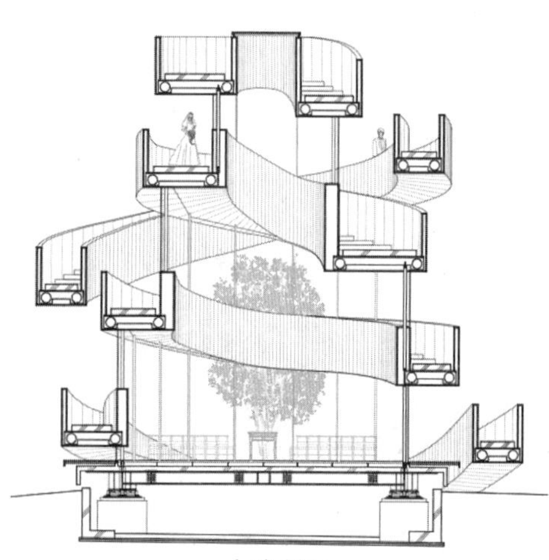

（d）剖面

（e）近景

图2-3-18　景观楼梯示例（三）

日本广岛，丝带教堂。

教堂造型纯粹，只有缠绕在一起的两个螺旋楼梯。两座楼梯最终在15.4米高的顶部汇合，形成一个平台，就像是两个生命经历各不相同的人相遇，携手、共进。教堂底部的空间是一个能越过树木，看到大海的80人席位婚礼礼堂。

3

楼梯的布置

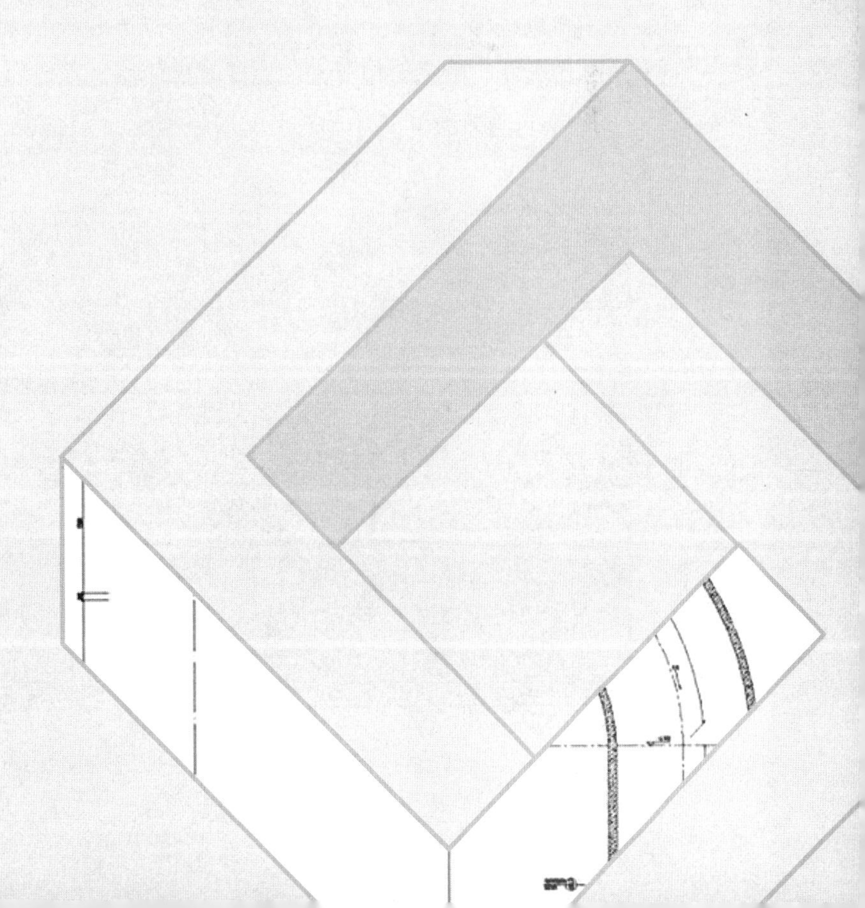

楼梯的布置受到多重因素的影响，其取决于楼梯的三个特性，即功能性、安全性、艺术性，从而决定楼梯在建筑、空间中放置的位置，楼梯的组成——栏杆、踏步等细节。同时，楼梯的位置，也决定了楼梯在设计时要注意的安全问题。

3.1 位置

楼梯在建筑中的位置，因建筑层数、类型、功能、空间组织的不同而变化，其可分为走廊式、核心筒式、大厅式、中庭式、外置式；楼梯这些位置不同程度地影响了楼梯的三个特性（功能性、安全性、艺术性）的表现。

（1）走廊式

建筑以走廊联系各个功能空间，两个或两个以上的楼梯、其他空间、房间间隔布置在走廊周围。按走廊在建筑中的不同位置、数量，可分为四种：外廊、内廊、双廊、双廊中庭。由于疏散、安全、消防的要求，一般公共建筑的楼梯至少要有两个，主入口旁设一个主楼梯，兼作日常使用；另一个通常为疏散楼梯，置于走廊远端。也有的建筑设三个楼梯，一部置于主入口或主要的大厅、中庭，作日常的主要楼梯使用，其他两部作疏散楼梯使用。

1）外廊楼梯布置（图3-1-1）

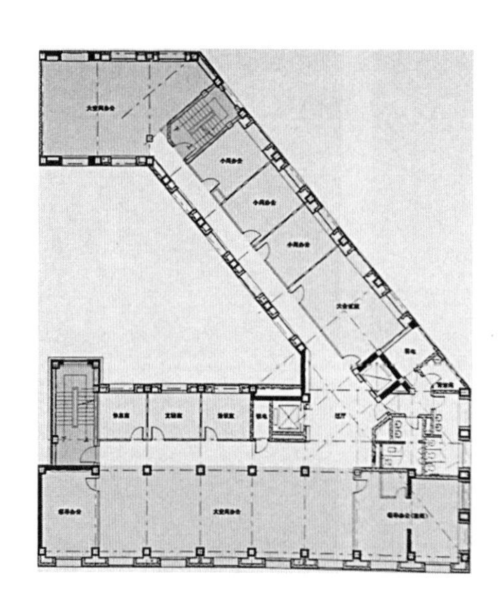

某办公楼平面，封闭外走廊，局部内走廊

布置时应注意的规范要点：

（1）袋型走廊一般与楼梯口长度不大于20米；

（2）两部楼梯的楼梯口间距不宜超过35～40米；

（3）不同平面的布置，常在转角结合过厅设置楼梯；

（4）楼梯可以进行调整以体现建筑外部造型的不同形态、体块。

（取规范中的常用建筑、较小数值）

图3-1-1　外廊楼梯布置示例

2）内廊楼梯布置（图3-1-2）

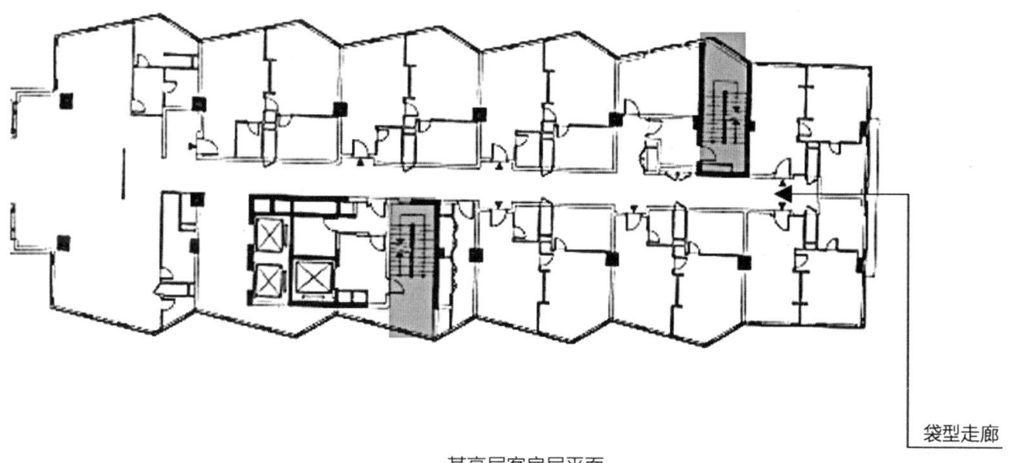

某高层客房层平面

图3-1-2　内廊楼梯布置示例

走廊几乎没有直接对外的窗户，沿两侧分布客房及辅助房间，分设客梯、内部服务两电梯间及两座楼梯。

3）双廊楼梯布置（图3-1-3）

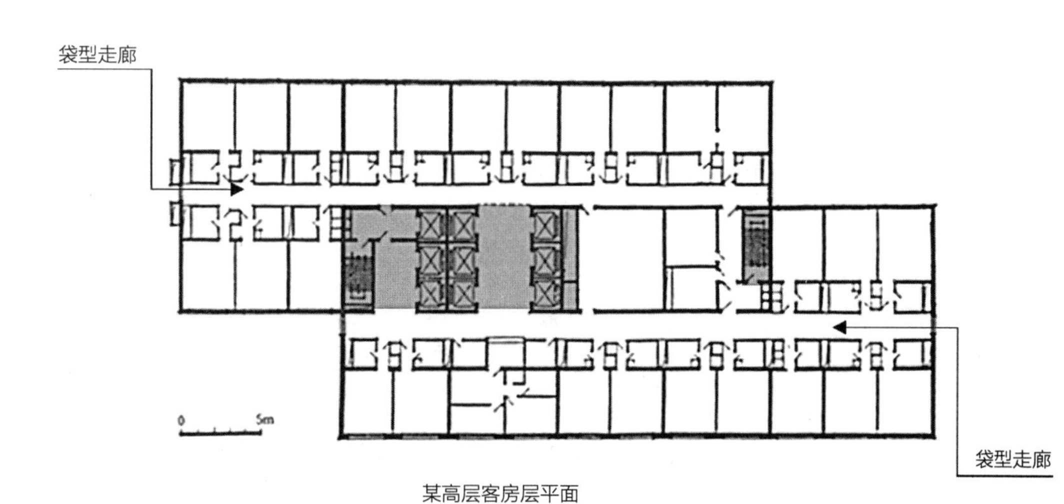

某高层客房层平面

图3-1-3　双廊楼梯布置示例

双走廊之间为电梯、楼梯间和服务间，几乎没有直接对外的窗户，沿两侧分布房间、功能空间，日常交通、疏散均依靠走廊展开。

4）双廊中庭楼梯布置（图3-1-4、图3-1-5）

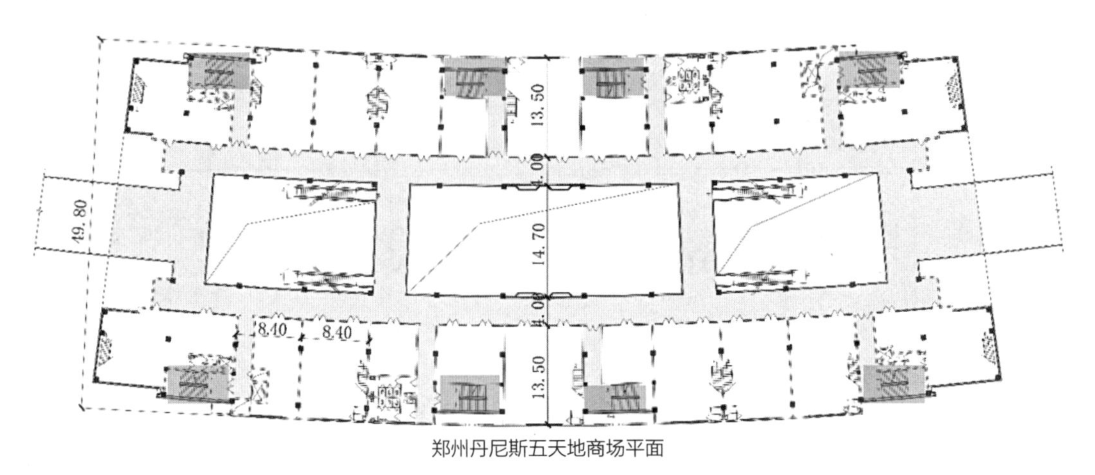

郑州丹尼斯五天地商场平面

图3-1-4 双廊中庭楼梯布置示例（一）

双走廊及之间的中庭、自动扶梯作为日常交通，沿走廊两侧分布商业空间，楼梯间作为垂直疏散通道均匀分布。

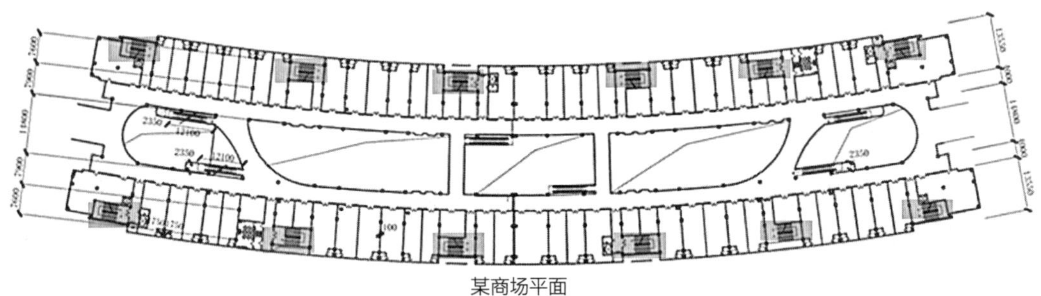

某商场平面

图3-1-5 双廊中庭楼梯布置示例（二）

双走廊及之间的中庭、自动扶梯作为日常交通，沿走廊两侧分布商业空间，楼梯间作为垂直疏散通道均匀分布。

（2）核心筒式

超过6层以上的多层及高层建筑，电梯是日常使用的主要垂直交通，楼梯则结合电梯配置同一位置，成为垂直交通核心，即核心筒楼梯。高层建筑以体型可分为板式与点式，依规模、层数确定电梯数量。板式高层建筑两端距离较远，一般分设两组核心筒；点式高层建筑各向距离均匀，中心设核心筒，包括电梯间、两部或多部疏散楼梯并设防烟前室及送风、排烟通道。楼梯间出口互不干扰，保障安全（图3-1-6～图3-1-9）。

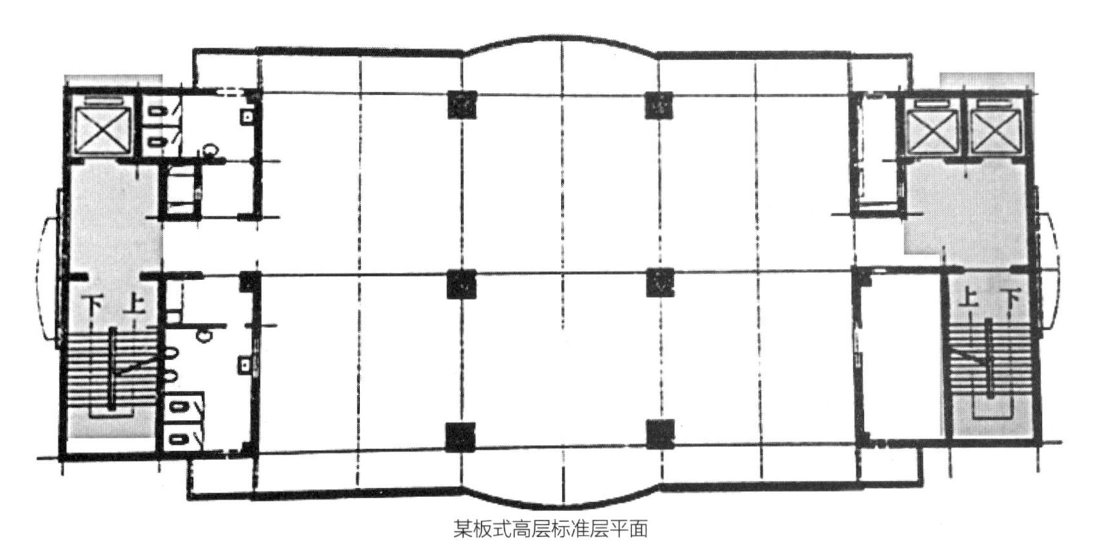

某板式高层标准层平面

图3-1-6　高层楼梯布置示例（一）

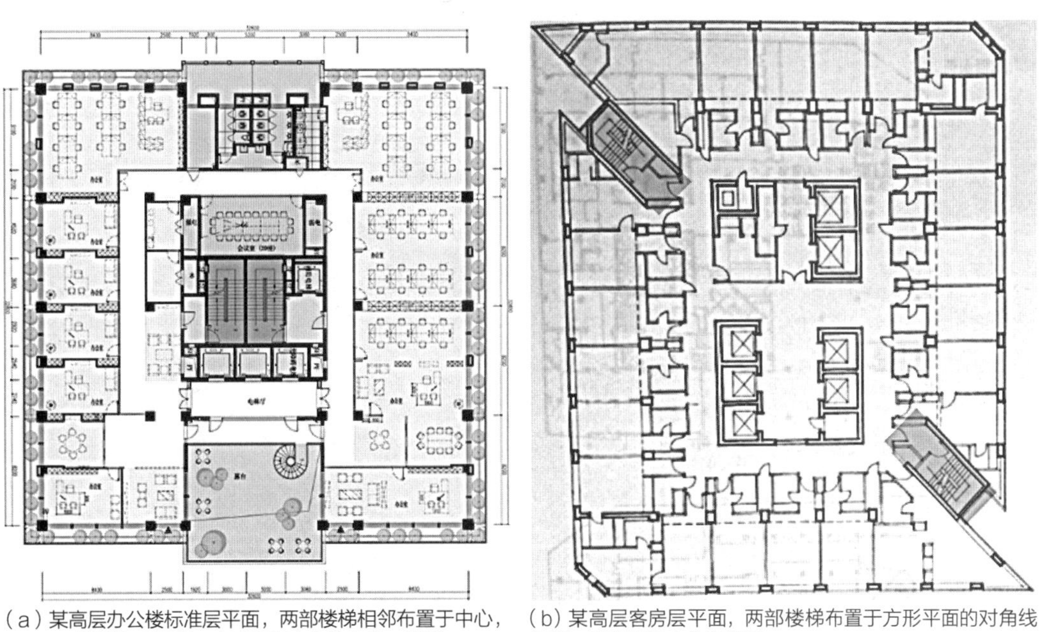

（a）某高层办公楼标准层平面，两部楼梯相邻布置于中心，楼梯入口相背，走廊环绕中心的电梯、楼梯

（b）某高层客房层平面，两部楼梯布置于方形平面的对角线两端，走廊环绕中心电梯间

图3-1-7　高层楼梯布置示例（二）

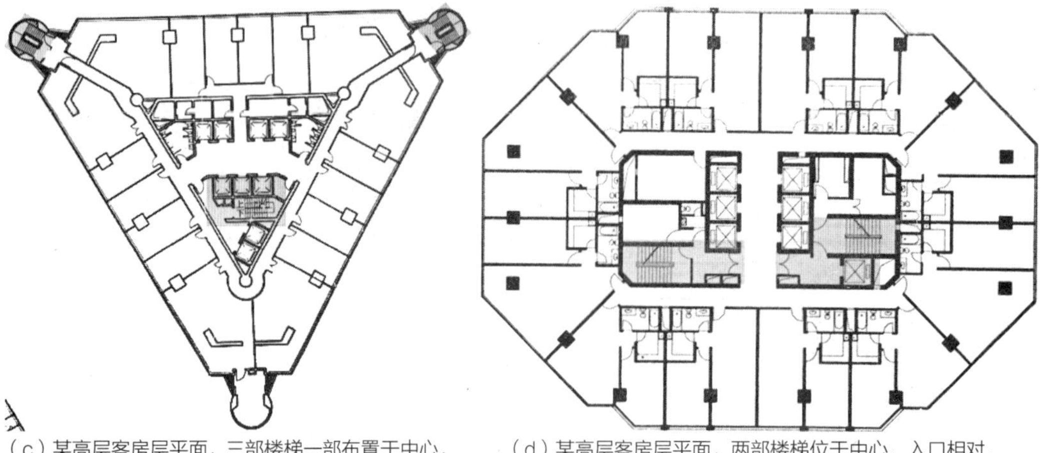

（c）某高层客房层平面，三部楼梯一部布置于中心，两部位于三角形平面的角部，走廊环绕中心的电梯、楼梯

（d）某高层客房层平面，两部楼梯位于中心，入口相对，距离过近不利于疏散

图3-1-7　高层楼梯布置示例（二）（续）

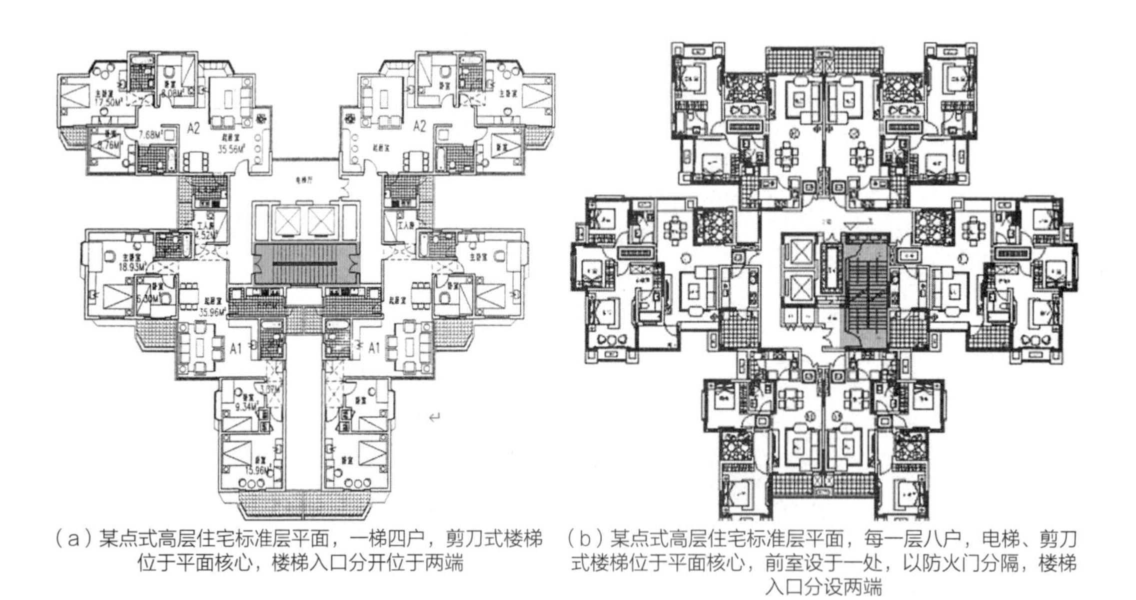

（a）某点式高层住宅标准层平面，一梯四户，剪刀式楼梯位于平面核心，楼梯入口分开位于两端

（b）某点式高层住宅标准层平面，每一层八户，电梯、剪刀式楼梯位于平面核心，前室设于一处，以防火门分隔，楼梯入口分设两端

图3-1-8　高层楼梯布置示例（三）

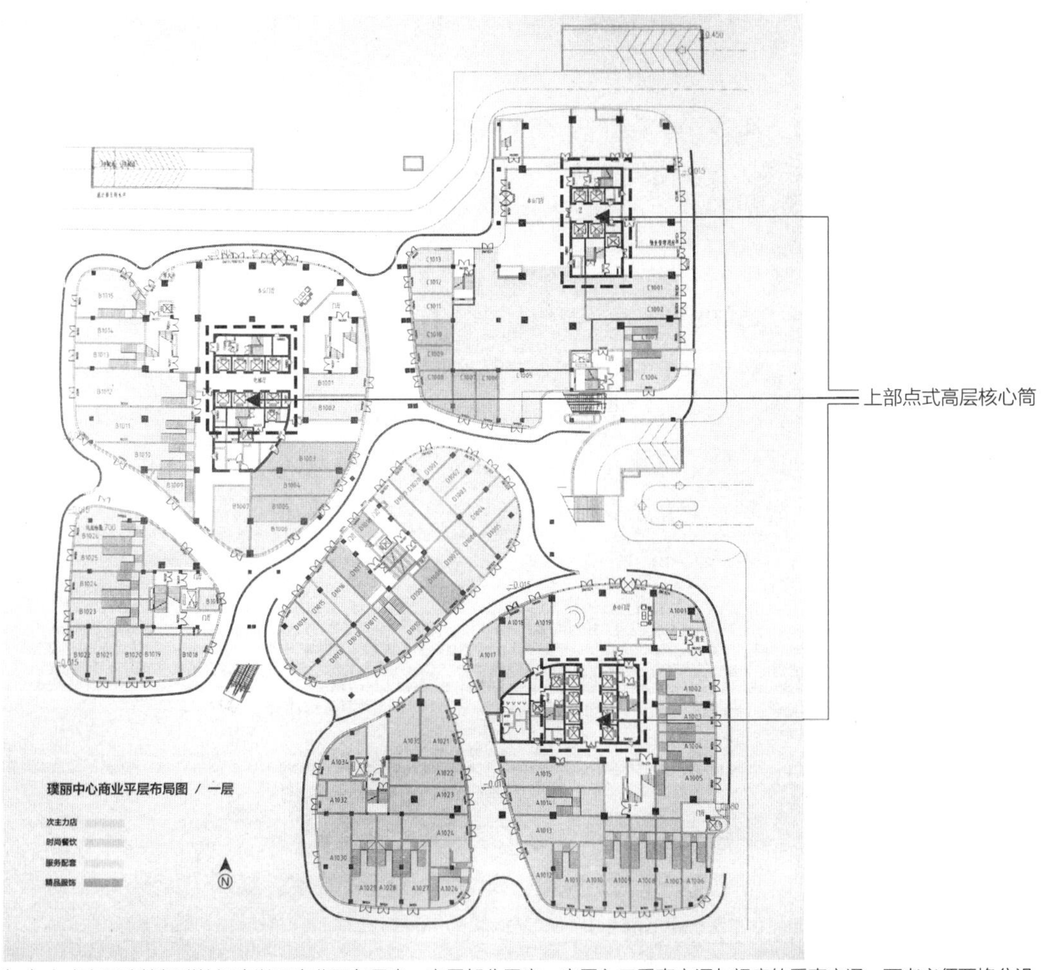

（a）点式高层建筑组群的裙房以及商业服务用房、高层部分用房，底层入口垂直交通与裙房的垂直交通，两者必须严格分设

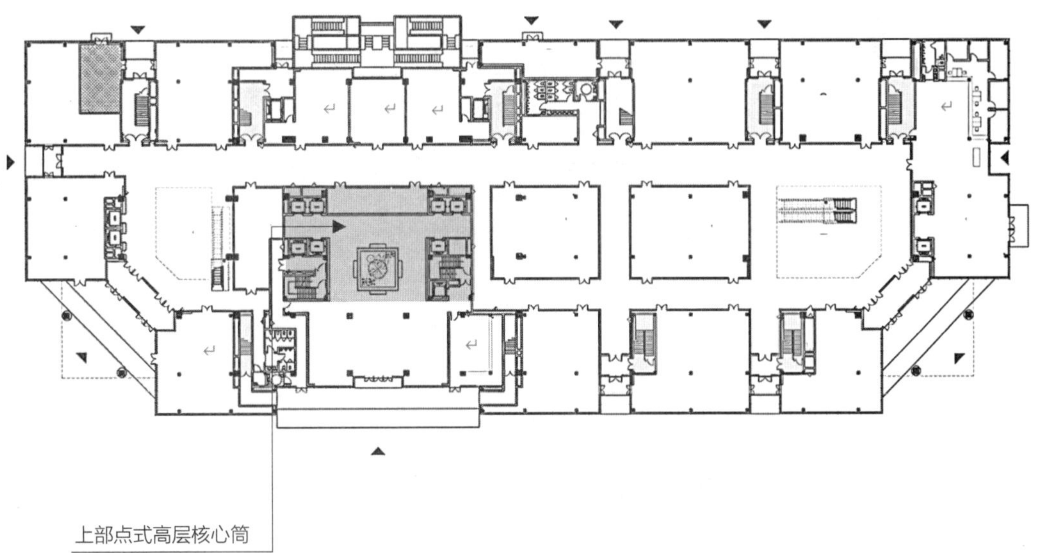

（b）某高层一层裙房平面上部塔楼的两组电梯、楼梯位于平面左下部两侧，与裙房分开；一层与大厅成为扩大前室，直通室外

图3-1-9 高层建筑楼梯布置示例（四）

（3）大厅式

相当多的多层、高层的公共建筑，常以大厅、门厅作为空间组织的核心，联系其他功能空间。大厅一般设二三层挑高空间，迎来送往，兼具礼仪、交通的作用。大厅中布置楼梯，要结合具体的情况，以彰显形象、烘托气氛。按楼梯在空间中的位置不同，可分为中轴式楼梯、侧边式楼梯两类。

1）中轴式楼梯 大厅、门厅中，在中轴线上对称的直跑楼梯、合上双分式楼梯，有引导明确、人流疏散便捷的作用，又具庄重、礼仪性强的特点；常与自动扶梯紧密结合布置在大型公共建筑的门厅、大厅中（如综合性医院、交通建筑、观览建筑等）。也可以将楼梯侧向布置，仍可使空间的轴线感得以保留，庄重又不失活泼（图3–1–10、图3–1–11）。

图3–1–10 大厅楼梯布置示例（一）

图3-1-11　大厅楼梯布置示例（二）

2）侧边式楼梯 该种楼梯靠厅堂的一侧布置，保持了厅堂的空间完整性，往往设置走廊、回廊以加强楼层各空间的联系，但需注意楼梯与厅堂的尺度、细节、风格的协调（图3-1-12、图3-1-13）。

（a）临窗的楼梯结合光线的射入，成为室内的一幅剪影画

（b）楼梯偏于一侧却居中，如一件雕塑品般成为空间的中心

（c）顶层梯段设有居于下部梯段正上方的楼梯

（d）双侧同时使用的楼梯，适合长度远大于宽度的空间

图3-1-12 大厅楼梯布置示例（三）

图3-1-13 大厅楼梯布置示例（四）

（4）中庭式

公共建筑的中庭是建筑的中心，其面积较大、层数较多，人流汇集，活动多样。中庭里的楼梯，需要结合空间序列、交通要求，可以每层都以楼梯连接，也可以仅连接个别楼层；可以以基本类型出现，也可在前进方向、梯段相互的空间关系等方面加以变化、组合，多以直线、弧线、螺旋、平行、反复、曲折、穿插、跨庭的形式出现，也可与自动扶梯结合设置，使空间具有强烈个性。人们流连穿行其间，成为一个“人看人”的公共活动空间（图3–1–14 ~ 图3–1–20）。

图3–1–14　中庭楼梯布置示例（一）

图3-1-15　中庭楼梯布置示例（二）

图3-1-16 中庭楼梯布置示例（三）

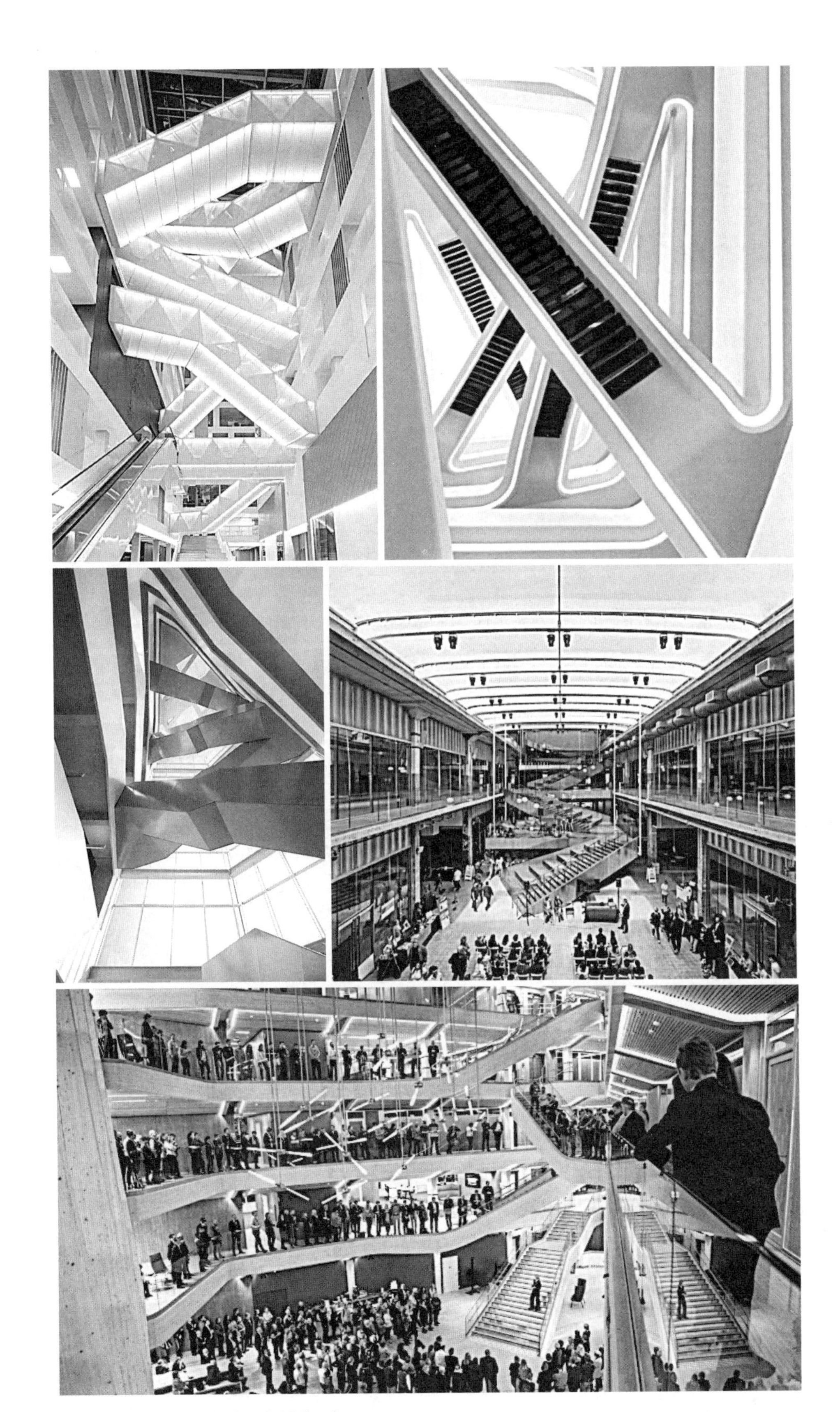

图3-1-17　中庭楼梯布置示例（四）

图3-1-18 中庭楼梯布置示例（五）

图3-1-19　中庭楼梯布置示例（六）

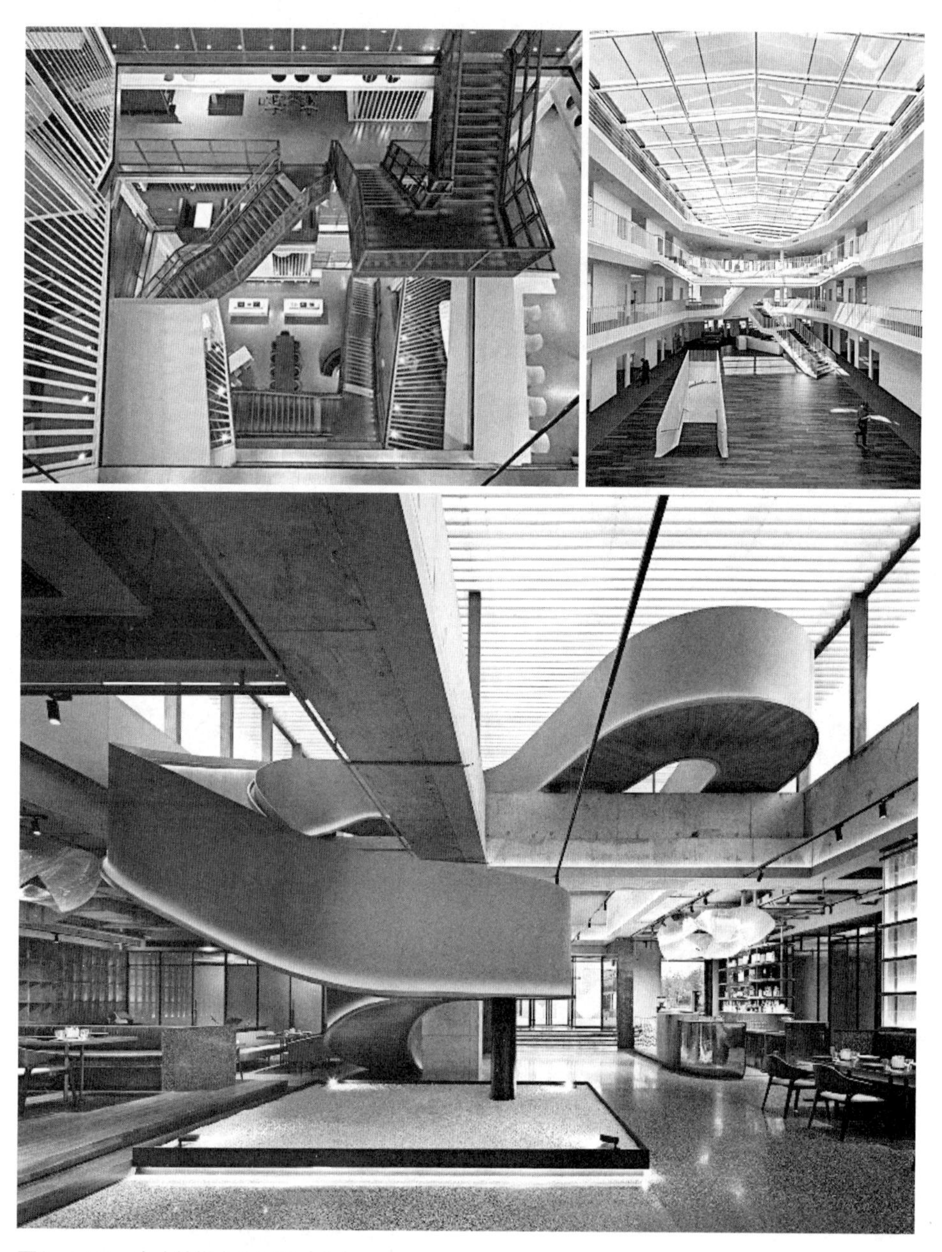

图3-1-20　中庭楼梯布置示例（七）

（5）外置楼梯

一般为避免因雨雪冰霜导致踏步湿滑，楼梯多置于室内空间。外置楼梯常用作开敞式消防楼梯，外置梯段直上屋顶也是常见做法，而除此之外，外置楼梯还有一些其他的方式和作用（图3-1-21 ~ 图3-1-26）。

1）悬挑于庭院上或是建筑体量中空形成的洞、缝中的外置楼梯，可连接建筑局部数层或贯通上下；

2）连续的外置楼梯连接建筑各层，成为进入建筑的一条动线；

3）外置的梯段或是连续楼梯活跃了建筑体量；

4）用玻璃等透明、半透明材料围护外置楼梯、梯段，既可以装饰立面、造成室内外空间贯通感，也方便雨雪天楼梯的使用。

图3-1-21 外置楼梯示例（一）

图3-1-22　外置楼梯示例（二）

在简洁体量上挖出洞口，形成强烈的虚实对比。楼梯在其中半遮半露，将外部环境引入建筑内部，引人注意。

图3-1-23　外置楼梯示例（三）

图3-1-24　外置楼梯示例（四）

外置的连续楼梯，具有韵律感的斜线，似游龙般活跃了横平竖直的墙体，形成富于动感的视觉效果。

图3-1-25　外置楼梯示例（五）

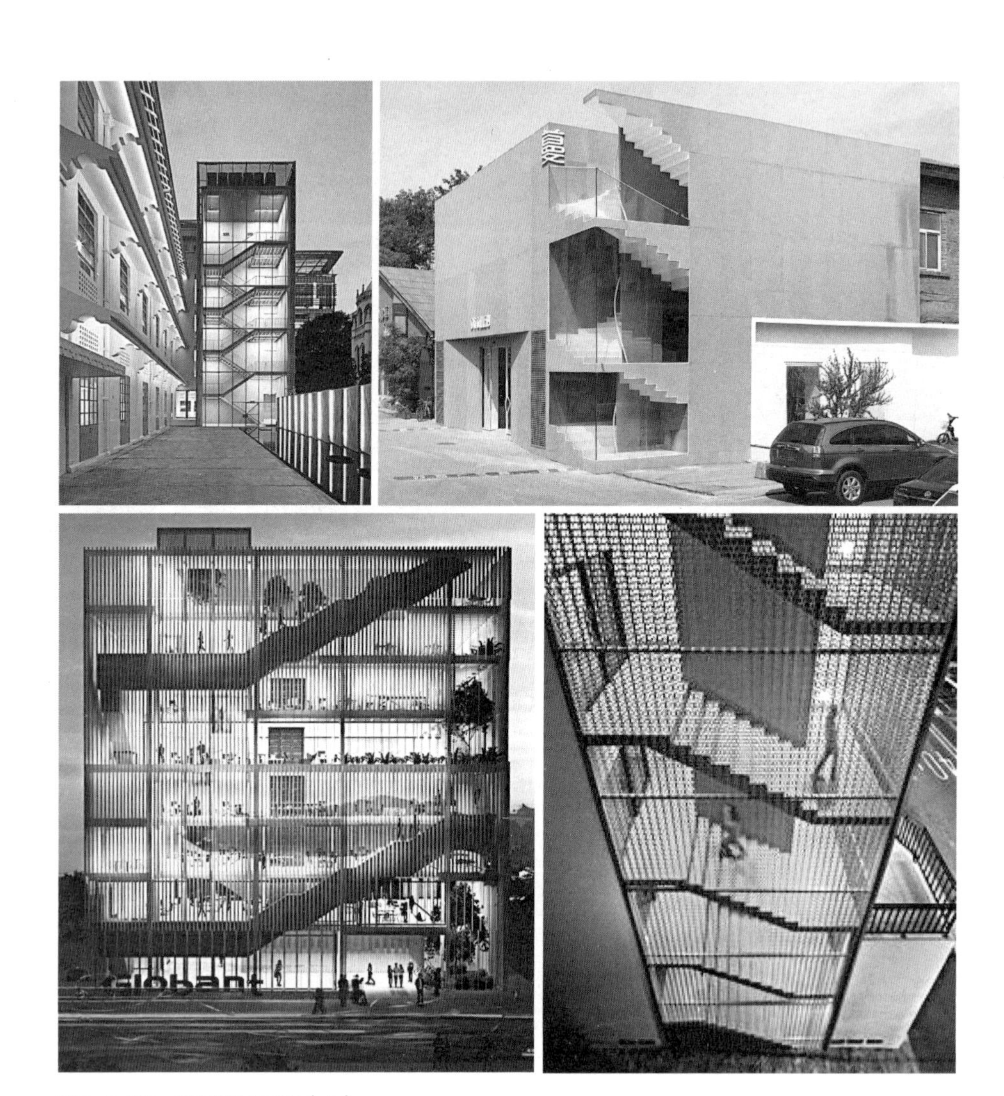

图3-1-26　外置楼梯示例（六）

3.2　细部

楼梯的细部，是指楼梯的踏步、梯段、栏杆、栏板、扶手、梯井。楼梯的细部有多种处理：与邻近的地面、顶棚、墙面，或是墙裙等接近或一致；或是楼梯与周围环境完全脱离，自成一体，成为空间的雕塑。楼梯的细部设计看似特立独行，实则从属于建筑，有迹可循。

3.2.1　楼梯的起步

起步是指楼梯起始部分的一步或多步踏步。起步是楼梯的开端、标高是产生变化的开始，在细部处理时常常与其他的踏步有所区分，以引起注意、导引人流。楼梯的起步一般和梯段方向一致，也可通过向外延伸、扩展，增加转折，或有二个、三个方向上下楼梯。（图3-2-1～图3-2-7）

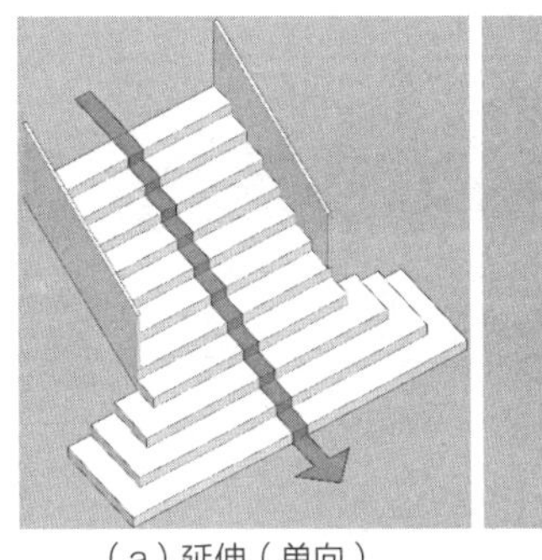

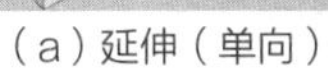

（a）延伸（单向）

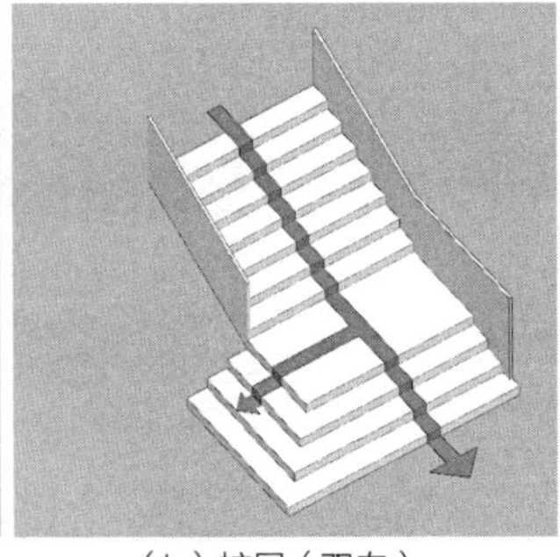

（b）扩展（双向）

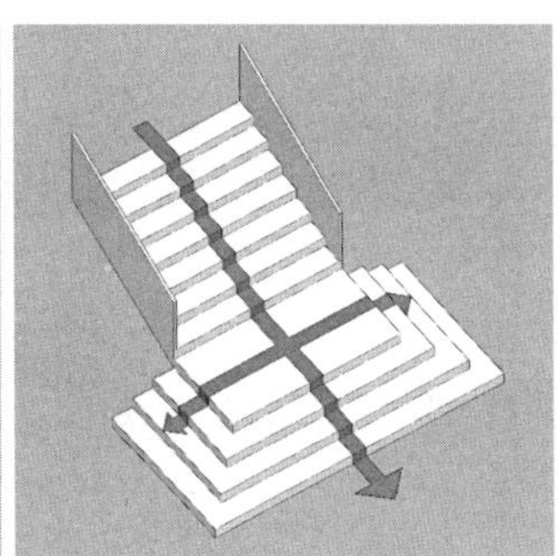

（c）扩展（三向或更多）

图3-2-1　起步形态改变比较示图

（a）踏步的铺装向前延伸

（b）踏步向前延伸并以弧线结束，有古典韵味

图3-2-2　起步示例（一）延伸

图3-2-3　起步示例（二）延伸

图3-2-4　起步示例（三）延伸

图3-2-5　起步示例（四）扩展

图3-2-6　起步示例（五）扩展

图3-2-6　起步示例（五）扩展（续）

图3-2-7　起步示例（六）扩展

3.2.2 踏步

楼梯踏步的形状和材料有较强的装饰作用，表现出或通透，或轻巧，或精致的风格，但重点应以安全作为第一要素。其踏步有以下三种方式（图3-2-8～图3-2-10）：

图3-2-8　踏步示例（一）

图3-2-9　踏步示例（二）

图3-2-10　踏步示例（三）

图3-2-10　踏步示例（三）（续）

（1）改变踏步的形状、材料，与楼梯的主要结构材料不同，形成对比，预制装配式楼梯常用；

（2）改变踏步的统一规律，不再平直、统一大小，而是断开、弯曲，互不相同，但整体有规律或呈某种韵律；

（3）增加踏步的功能，如不设踢面，以玻璃、钢格栅、混凝土踏步钻孔灌注透明材料作为踏步，以透光、视线、减轻重量；或增加个别踏步的面积，以承托装饰品。

3.2.3　梯段

楼梯的多个梯段可以用不同方式处理；如敞开式、封闭式、包裹式，即对梯段局部或全部饰以材料，改变其形态。梯段的背面若迎向入口人流，或是暴露在厅、堂等人群活动空间中时，可以调整其方向，以侧向展示；或予以适当的装饰，以引导人流视线（图3-2-11、图3-2-12）。

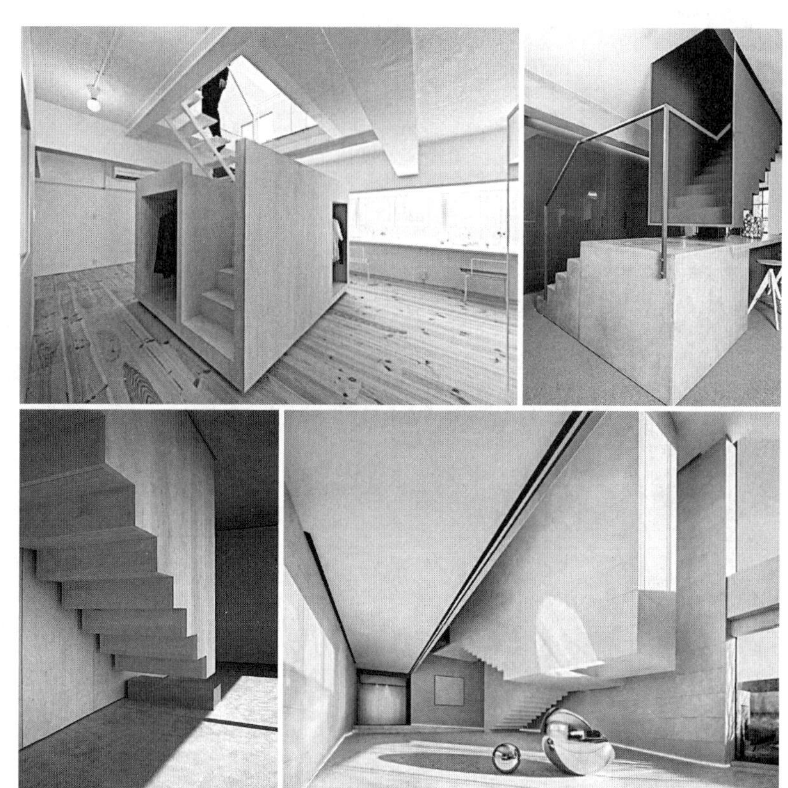
图3-2-11　梯段示例（一）

图3-2-12　梯段示例（二）

3.2.4 栏杆、栏板、扶手

栏杆、栏板、扶手一般在各梯段较为统一，但栏杆、扶手在起步、平台的处理要谨慎（图3-2-13～图3-2-22）。

栏杆以杆件的重复排列，或构成纹样以体现建筑的不同风格，渲染空间气氛。现代建筑楼梯的栏杆、栏板材料、做法更为多种多样。栏杆、栏板选用的材料、构造必须考虑相应的强度和应对水平推力的抵抗。栏杆、栏板的材料有金属、钢筋混凝土、玻璃、木材等，它们相互之间的混搭也十分常见。栏杆、栏板的构造连接常用电焊或螺栓连接，必须牢固、安全。

扶手可以单独设置，其置于栏杆、栏板的顶部，也可以突出于栏杆、栏板、墙面，或做成栏板、墙面的凹槽。扶手的材料一般选用硬木、塑料、钢管等，其断面尺度宜考虑成人手握时的感受，一般在80毫米左右。

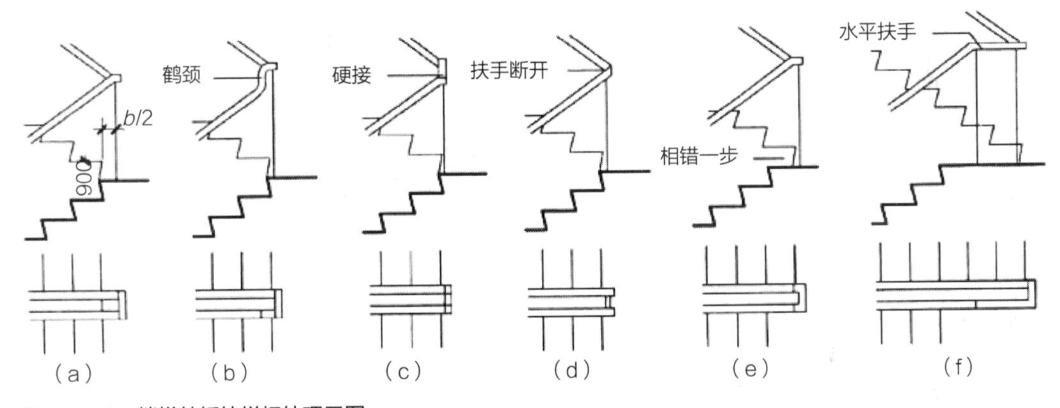

图3-2-13 楼梯转折处栏杆处理示图

图3-2-14 栏杆、栏板、扶手示例（一）

图3-2-15　栏杆、栏板、扶手示例（二）

图3-2-16　栏杆、栏板、扶手示例（三）

图3-2-16　栏杆、栏板、扶手示例（三）（续）

图3-2-17　栏杆、栏板、扶手示例（四）

图3-2-18　栏杆、栏板、扶手示例（五）

图3-2-19　栏杆、栏板、扶手示例（六）

图3-2-19　栏杆、栏板、扶手示例（六）（续）

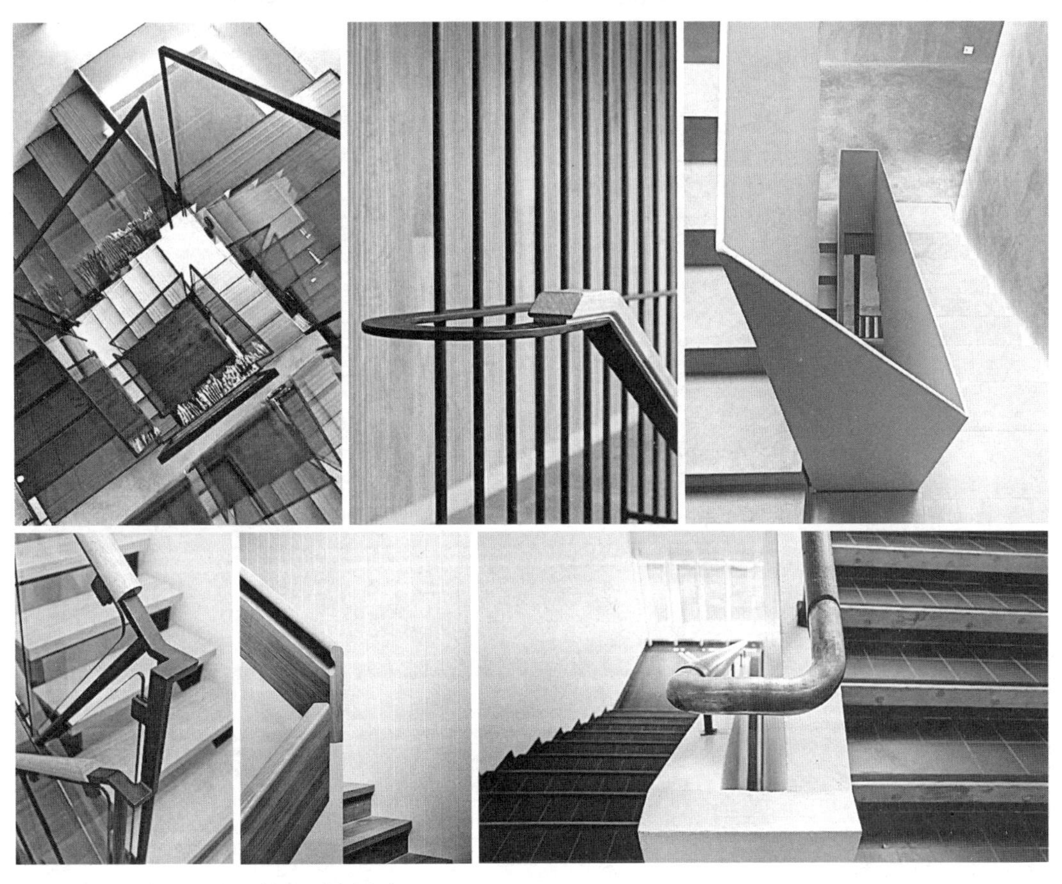

图3-2-20　栏杆、栏板、扶手示例（七）

图3-2-21 栏杆、栏板、扶手示例（八）

图3-2-22 栏杆、栏板、扶手示例（九）

3.2.5 中间平台

平台的形态、位置变化是其细部设计关注的重点。现在的公共建筑中一些尺度较大的空间（如门厅、中庭等）中楼梯平台的数量、大小没有拘泥于规范要求，而是更为灵活多变，既引导流线，实现人群的多种活动需求，又渲染了空间的开阔。其主要的手法有三种（图3-2-23、图3-2-24）：

图3-2-23　平台示例（一）

图3-2-24　平台示例（二）

（1）**改变形状** 平台面积略有增减、改变平面形状；或将平台向旁侧延伸、扩大，形成休憩空间；

（2）**调整位置** 建立中间平台与其他不同标高空间的联系，通过调整中间平台垂直位置、形状，使平台与较接近的楼（地）层有更紧密的视觉联系，向设计引导的方向延伸；

（3）**增加数量** 平台数量增加，可以增加梯段数量、减少每个梯段踏步数，增加楼梯总长度，延缓上升节奏。

3.2.6 梯井

梯井的大小、形状、位置随楼梯的类型而产生多种多样的变化与视觉效果（图3-2-25～图3-2-27）。

图3-2-25 梯井示例（一）

图3-2-26 梯井示例（二）

多梯段的楼梯无论是在梯井中仰视、俯视，均可以如万花筒一般看到独特的空间艺术效果。

图3-2-27 梯井示例（三）

梯井可以是空的，也可以是实的，作为装饰的形体，具有功能的书架、展架承担结构支撑的钢筋混凝土墙。

3.3 安全、空间利用及发展

楼梯是多层、高层建筑火灾发生时，人员撤离的安全通道，因此，必须保证其消防安全。

3.3.1 楼梯的安全

平时，楼梯的各个组成部分的尺寸要求，如高度、宽度是安全的保障，在发生灾害、事故时，楼梯要在一定时间内，保护人员快速安全离开建筑，或是到达安全的避难场所。因此，需要建有特殊的楼梯，如作为安全出口的疏散楼梯必须达到坚固、防火、防烟的要求。坚固是指楼梯在有地震、火灾发生时，不易倒塌，因此在结构设计时要保证楼梯的围护、支撑材料达到相应的抗震设防烈度及结构强度、耐火等级、耐火极限的要求。防火、防烟是指在火灾发生时，楼梯在一定时间内要无火无烟，保证建筑内人员安全疏散，建筑外展开消防救援。一般情况下，楼梯间应自然采光、通风，并宜靠外墙设置。

（1）**敞开楼梯间** 敞开楼梯间是由墙体等围护构件构成的无封闭防烟功能，三面有墙围护，面向走道一侧敞开的楼梯间（图3-3-1）。

（2）**封闭楼梯间** 封闭楼梯间宜靠外墙设置，能自然通风或自然通风不能满足要求时，应设置机械加压送风系统（风井）。除楼梯间的出入口和外窗外，楼梯间的墙上不应开设其他门、窗、洞口；高层建筑、人员密集的公共建筑，其封闭楼梯间的门应采用乙级防火门，并应向疏散方向开启。其他建筑，可采用双向弹簧门。楼梯间的首层可将走道和门厅等包括在楼梯间内形成扩大的封闭楼梯间，但应采用乙级防火门等与其他走道和房间分隔。以下多层公共建筑的疏散楼梯，除与敞开式外廊直接相连的楼梯间外，均应采用封闭楼梯间。如：医疗建筑、旅馆、公寓、老年人建筑及类似使用功能的建筑；设置歌舞娱乐放映游艺场所的建筑；商店、图书馆、展览建筑、会议中心及类似使用功能的建筑；6层及以上的其他建筑（图3-3-2）。

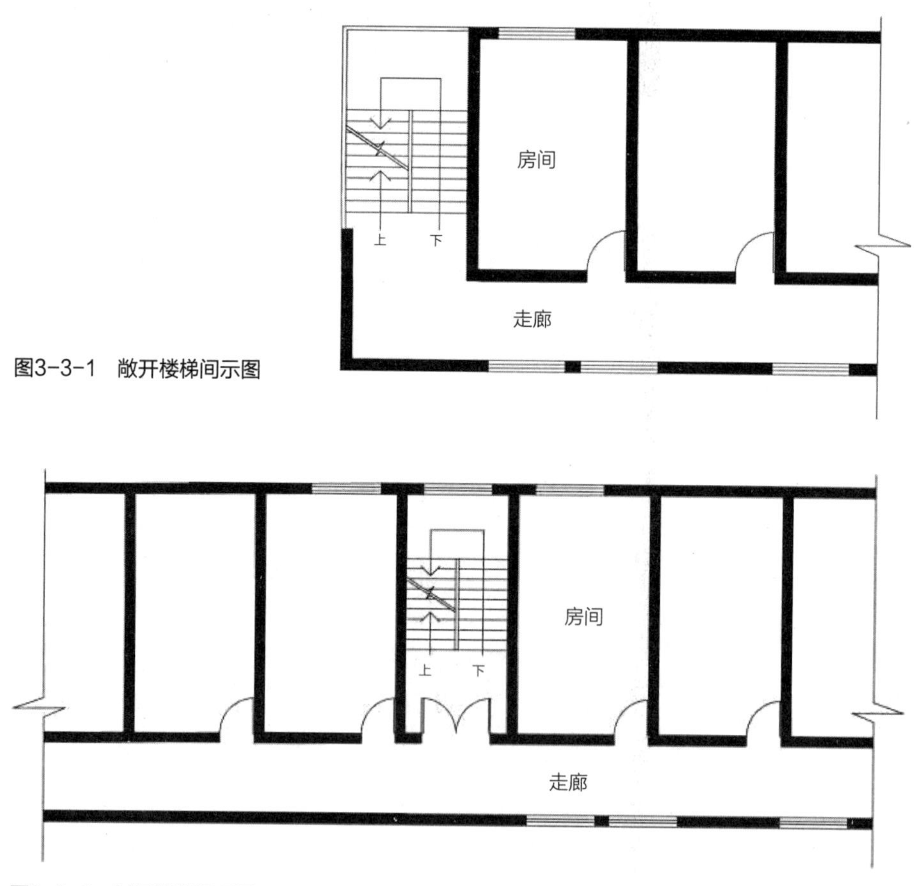

图3-3-1　敞开楼梯间示图

图3-3-2　封闭楼梯间示图

（**3**）**防烟楼梯间**　楼梯间设防烟前室，前室的使用面积：公共建筑、高层厂房（仓库），不应小于6.0平方米；住宅建筑，不应小于4.5平方米。与消防电梯间前室合用时，合用前室的使用面积：公共建筑、高层厂房（仓库），不应小于10.0平方米；住宅建筑，不应小于6.0平方米。前室、楼梯间无法开窗应设置防烟设施（送、排风井）。前室可与消防电梯间前室合用。疏散走道通向前室以及前室通向楼梯间的门应采用乙级防火门。除楼梯间和前室的出入口、楼梯间和前室内设置的正压送风口和住宅建筑的楼梯间前室外，防烟楼梯间和前室的墙上不应开设其他门、窗、洞口。楼梯间的首层可将走道和门厅等包括在楼梯间前室内形成扩大的前室，但应采用乙级防火门等与其他走道和房间分隔（图3-3-3）。

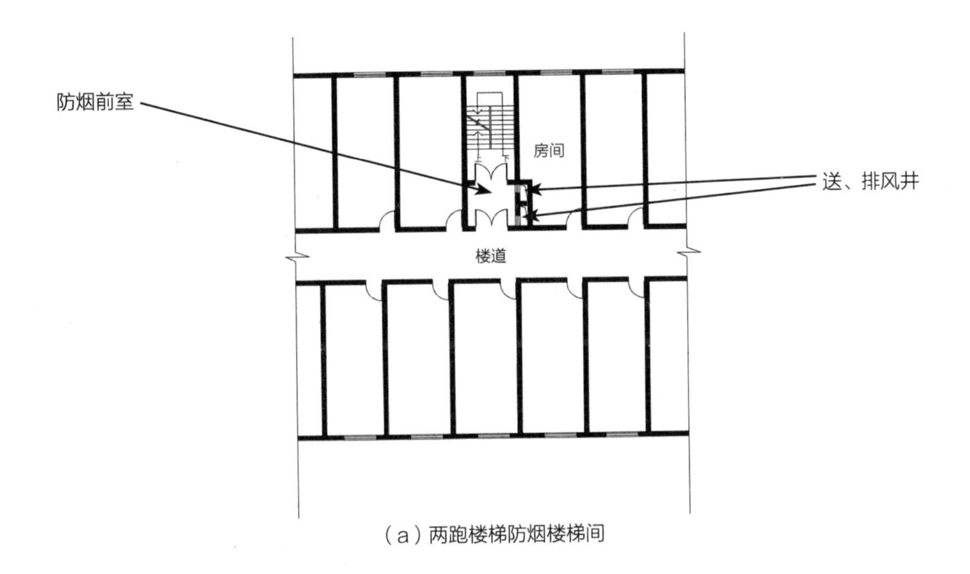

（a）两跑楼梯防烟楼梯间

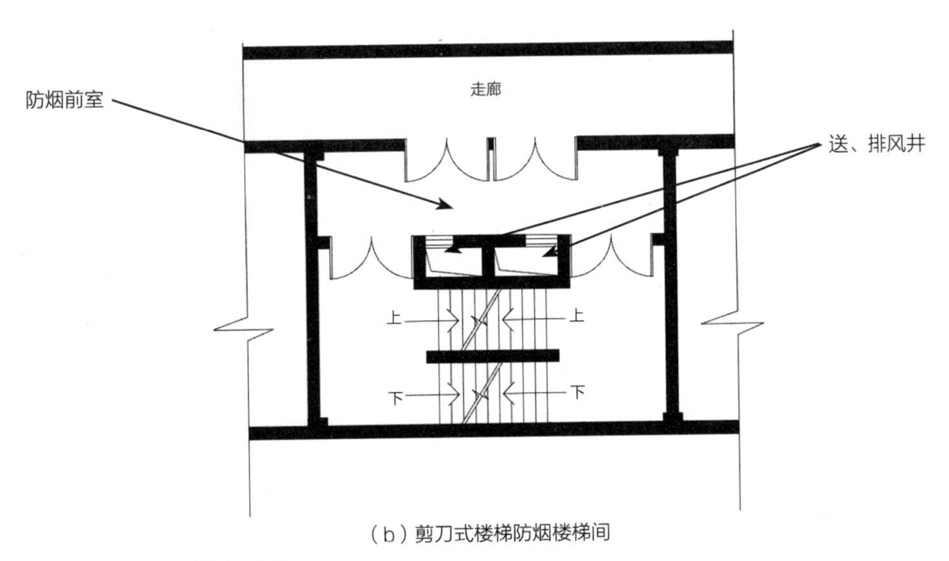

（b）剪刀式楼梯防烟楼梯间

图3-3-3　防烟楼梯间示图

3.3.2 双踏步

双踏步楼梯主要有下列特点：

（1）改变通常传统走廊式的教室布局，扩展以大厅为中心，楼梯、廊道、坡道叠加、穿插所组成的中庭公共空间；

（2）在大厅中设置双踏步，在不同情况下向使用者提供多样的集体活动场所，既可用于课后学习，又可加强交流，进行自由的活动方式；

（3）楼梯不仅是垂直贯穿，而是每层楼梯在中庭中稍加偏移，使楼梯上下的人们更多地产生视线交流。

双踏步的楼梯布置，除了在学校建筑中推行，在公共建筑的中庭、大厅，以及图书馆、书店中也得到了广泛的应用（图3-3-4～图3-3-11）。

（a）在公共建筑的台阶上开展的公共活动（露天音乐会）

（b）场景丰富的中庭空间

图3-3-4　双踏步示例（一）

（a）中庭楼梯

（b）外景

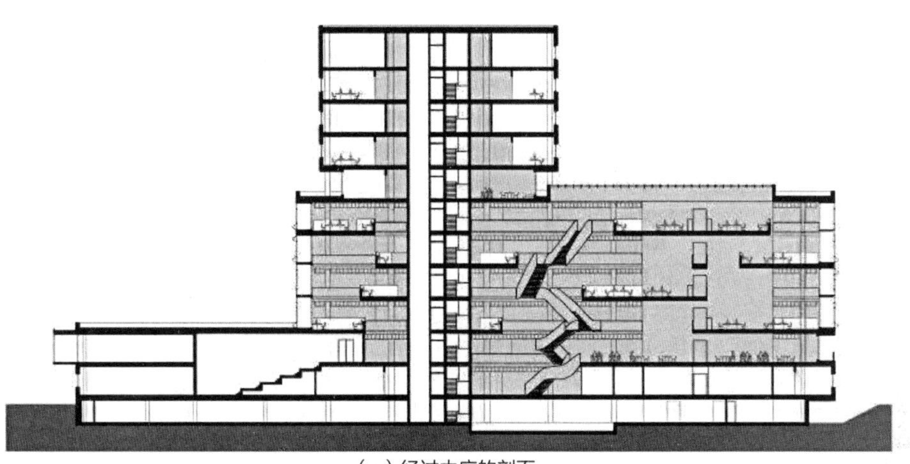

（c）经过中庭的剖面

（d）内景

图3-3-5　双踏步示例（二）

荷兰，埃因霍温理工大学电气工程和应用物理学院楼。
建筑内部的中庭贯通地上六层，曲折的金属楼梯蜿蜒于内，给空间注入无限活力。

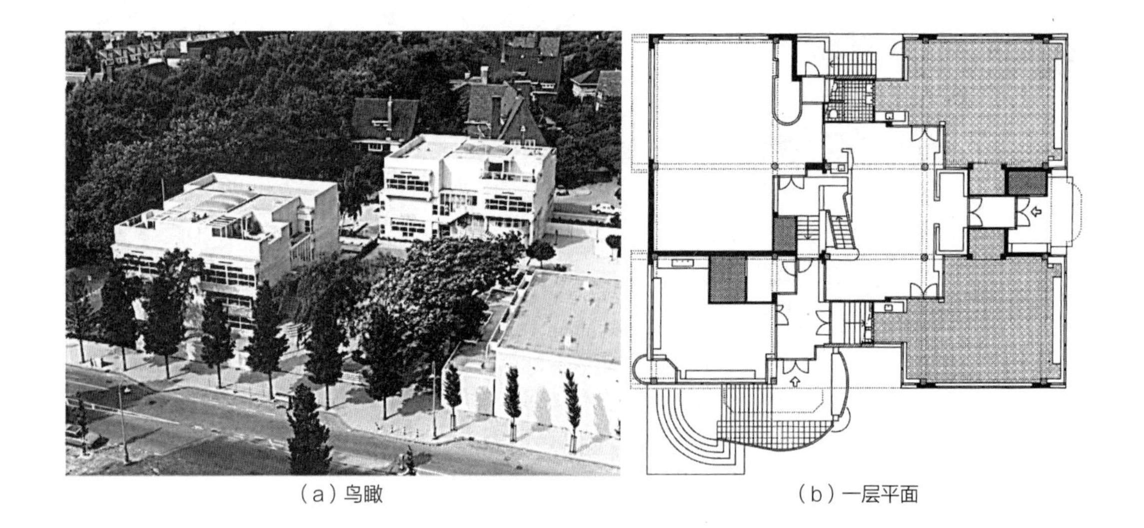
(a) 鸟瞰　　(b) 一层平面

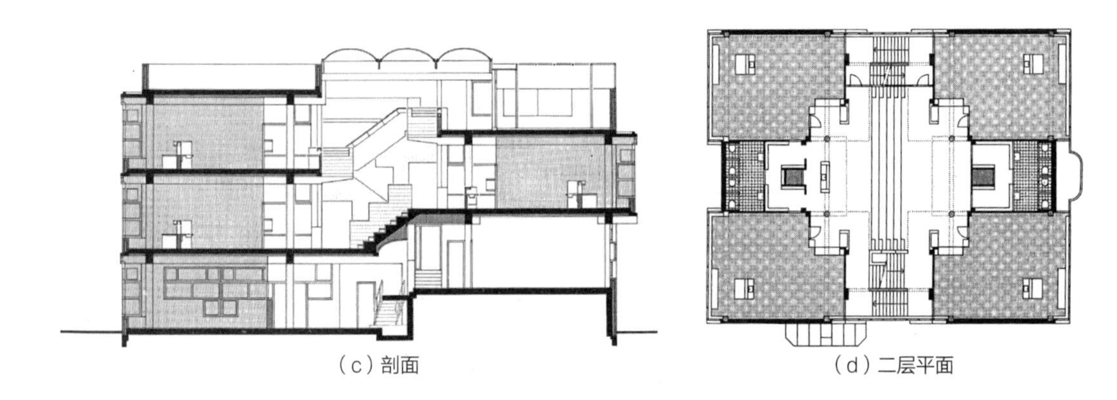
(c) 剖面　　(d) 二层平面

(e) 内景

图3-3-6　双踏步示例（三）

荷兰阿姆斯特丹，德埃文纳尔学校。
天窗照亮的中庭将所有教室连接起来。中庭底部，设有木制分层座椅的台阶。除了图中上下两侧的楼梯，左侧的悬挑楼梯伸入中庭，创造出具戏剧性的空间效果。

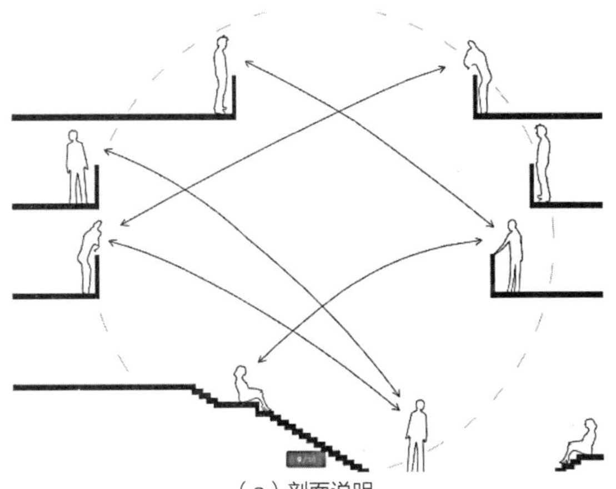

（a）剖面说明

（b）侧望中庭高处　　（c）俯视中庭楼梯

（e）举行活动时室内场景

图3-3-7　双踏步示例（四）

荷兰阿姆斯特丹，蒙台梭利中学。

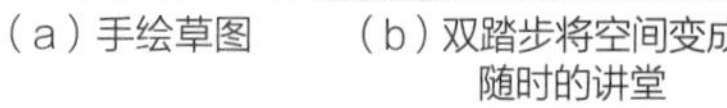

（a）手绘草图

（b）双踏步将空间变成了随时的讲堂

（c）起步并未对齐的两部双踏步楼梯，方便组织人流且增添了靠近的趣味性

图3-3-8　双踏步示例（五）

图3-3-9　双踏步示例（六）

在图书馆、书店中设置台阶式空间，扩大了藏书面积，结合双踏步设计，还为读者提供了多样的阅读体验。

图3-3-10　双踏步示例（七）

（a）中庭内景

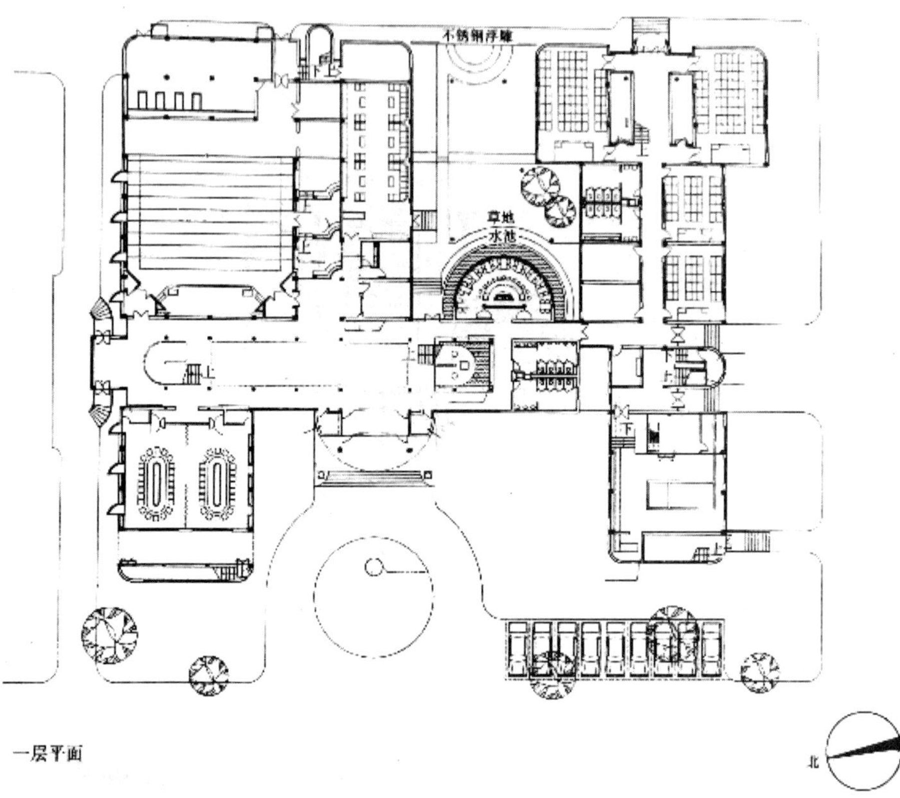

（b）一层平面

图3-3-11　双踏步示例（八）

上海，同济大学邵逸夫楼。

350个座位的大报告厅东侧，是一个东西向的中庭。顺应大报告厅的阶梯形地面，地面逐级抬高，形成5个小平台。平台布置有绿化、庭院灯、休息座椅，一侧墙壁上有不锈钢浮雕，形成一个亲切宜人的空间。

（d）外景

图3-3-11　双踏步示例（八）（续）

上海，同济大学邵逸夫楼。
350个座位的大报告厅东侧，是一个东西向的中庭。顺应大报告厅的阶梯形地面，地面逐级抬高，形成5个小平台。平台布置有绿化、庭院灯、休息座椅，一侧墙壁上有不锈钢浮雕，形成一个亲切宜人的空间。

3.3.3　楼梯的空间利用和发展

现代建筑中，为了更好地满足使用的需要，楼梯的设计出现了多种积极的空间利用（图3-3-12～图3-3-17）。

（1）利用楼梯周围空间。住宅楼梯对空间的利用极为充分，真正做到寸土不让。

（2）加入其他设备。幼儿园、住宅的楼梯，与滑梯结合设置，满足了儿童嬉戏活动的天性。

（3）以楼梯联系的垂直空间。住宅楼梯的平台扩大，即可实现其他功能，在垂直方向上还可以最大化利用空间。

图3-3-12　楼梯的空间利用示例（一）

楼梯起步梯段下方设置问询接待、衣帽存放，有的也设置为休息、会客或置景。

图3-3-13　楼梯的空间利用示例（二）

图3-3-14　楼梯的空间利用示例（三）

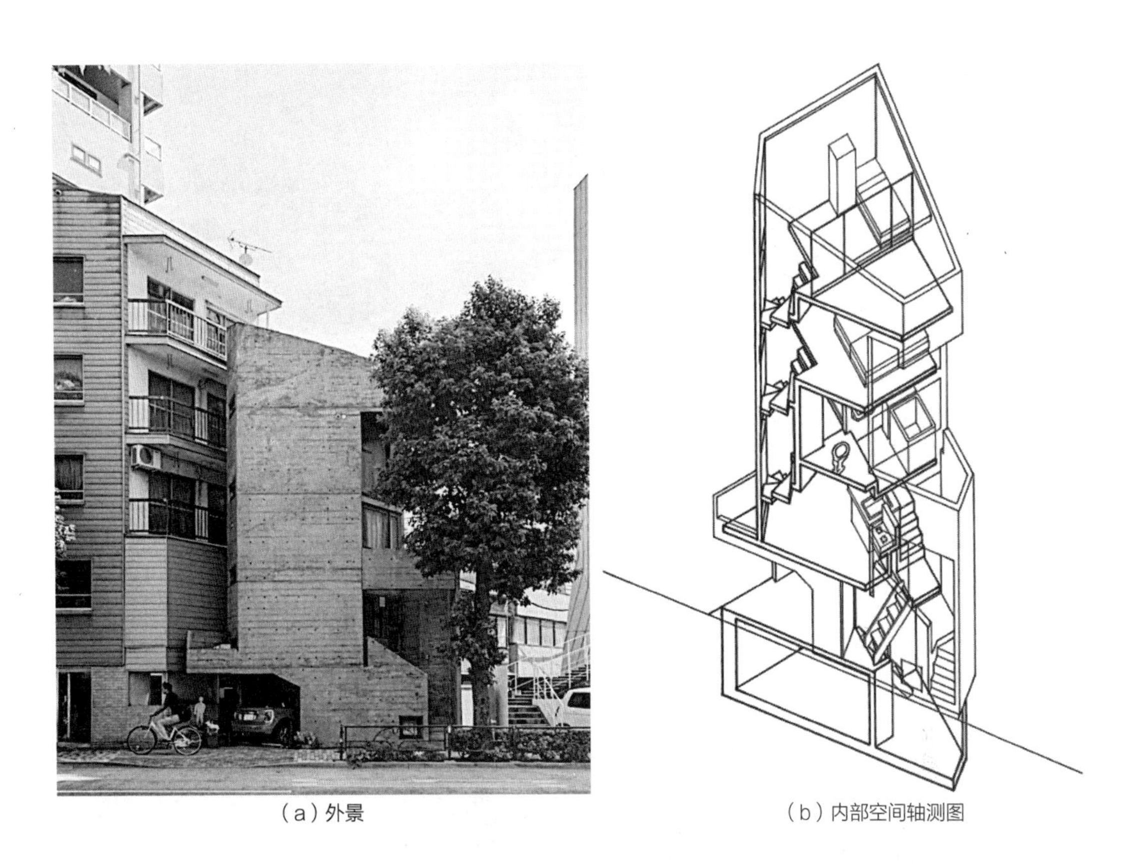

（a）外景

（b）内部空间轴测图

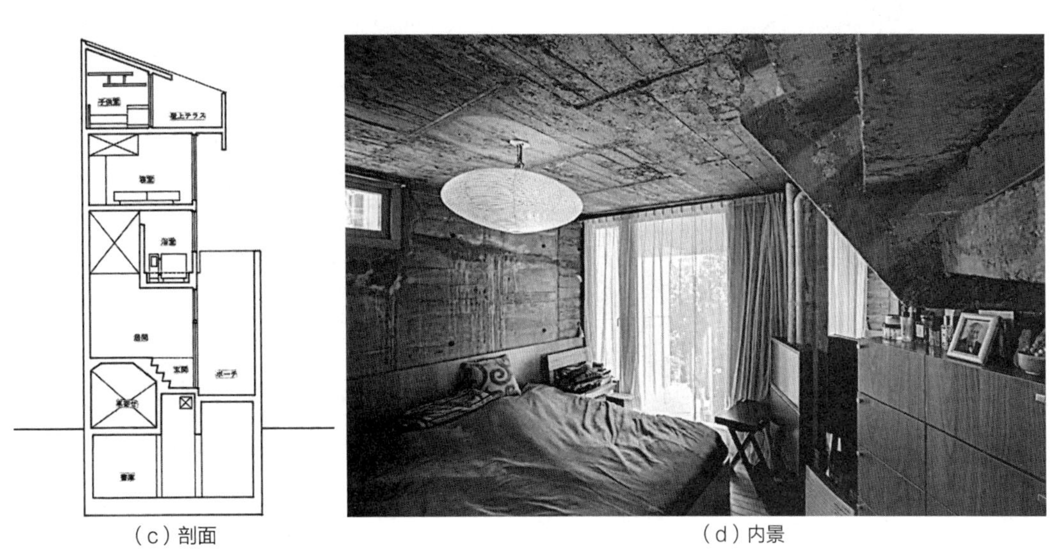

（c）剖面

（d）内景

图3-3-15　楼梯的发展示例（一）

日本东京，塔之家。

20平方米的建筑用地上建造了地下一层、地上五层的建筑。三角形的塔状多层住宅，地下室为储物间，一层是玄关兼车库，二层为客厅与厨房，三层为卫生间与浴室，四层是卧室，五层为儿童房，每层的面积都不大，与其说是“塔”之家，不如说是“楼梯”之家。

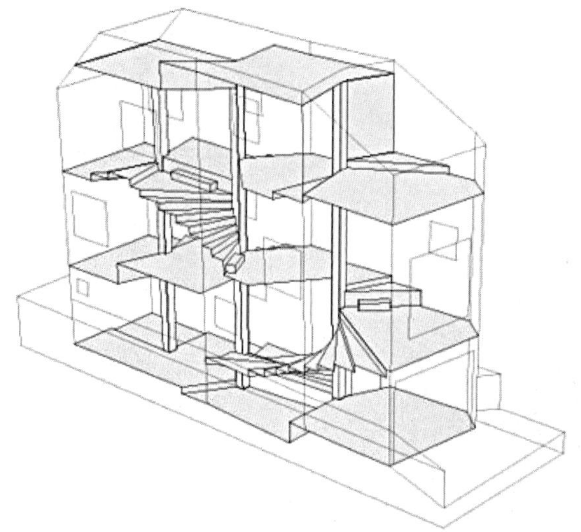

（a）内部空间分析

（b）内景

（c）内景

图3-3-16　楼梯的发展示例（二）

日本东京，盘旋之居。
狭小的建筑打破了惯有的“层”概念，同时也满足了日常生活的需求。建筑的布局就像是向天空生长的藤蔓那样盘旋上升，螺旋的楼梯围绕支撑建筑的三根立柱布置。建筑的框架，各种家具和人们的生活被有机地组织在一起。

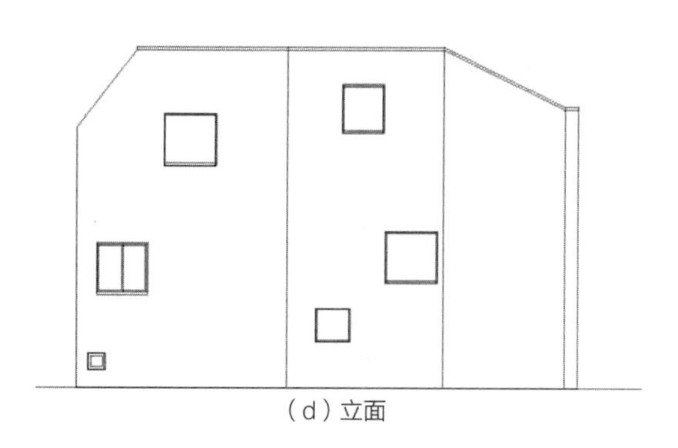

（d）立面

（a）外观

（b）内景

（c）外景

图3-3-17　楼梯的发展示例（三）

美国纽约，哥伦比亚大学医学中心。
建筑内的公共空间和学习空间集中布置在建筑朝向校园一端的楼梯中，这种布局被设计者称为“学习梯级”（Study Cascade）。楼梯以大块透明玻璃向室外暴露，可用于集体活动、开展社交，也可用于私密讨论、公开会议。

参考文献

[1]《建筑学报》有关各期.

[2]《南方建筑》有关各期.

[3]《世界建筑导报》有关各期.

[4]《建筑与城市》有关各期.

[5]《建筑与环境》有关各期.

[6]《1000×Europe Architectrue》I–IV［M］.

[7] Chris VAN Uffelen. Malls Department Stores 1、2［M］. BRAUN.

[8] 龙志伟. 新建筑语言2014（上、下册）［M］. 桂林：广西师范大学出版社，2014.

[9] 顾馥保. 中国现代建筑100年［M］. 北京：中国计划出版社，1999.

[10] 顾馥保. 商业建筑设计［M］. 第2版. 北京：中国建筑工业出版社，2003.

[11]《ECAD-A+建筑专刊》相关各期.

[12]《GA DOCUMENT》相关各期.

[13] Think ARCHIT工作室. 全球建筑设计风潮（上）（下）［M］. 武汉：华中科技大学出版社，2013.

[14] 石大伟，岳俊. 中国青年建筑师［M］. 南京：江苏人民出版社，2011.

[15] Editors of Phaidon Press. The Phaidon Atlas of Contemporary World Architecture Ⅰ，Ⅱ，Ⅲ［M］. Phaidon Press，2004.

[16] 谷德设计网网站相关内容.

[17] Archidaily网站相关内容.

[18]《时代建筑》相关各期.

[19] 张文忠. 公共建筑设计原理［M］. 第4版. 北京：中国建筑工业出版社，2008.

[20] 刘月云. 公共建筑设计原理［M］. 南京：东南大学出版社，2004.

[21] 杨维菊. 建筑构造设计（上册）［M］. 第2版. 北京：中国建筑工业出版社，2016.

[22] 颜宏亮. 建筑构造［M］. 上海：同济大学出版社，2010.

[23] 崔彤·建筑工作室. 当代建筑师系列 崔彤［M］. 北京：中国建筑工业出版

社，2014.

[24] 建筑设计资料集编委会．建筑设计资料集［M］．第2版．北京：中国建筑工业出版社，2011.

[25] 河南省工程建设标准设计管理办公室．DBJT19-07-2012河南省工程建设标准设计12系列建筑标准设计图集［S］．北京：中国建材工业出版社，2013.

[26] 梁思成．"图像中国建筑史"手绘图［M］．北京：新星出版社，2015.

后记

若将建筑比为一场大戏，楼梯就是随着这出大戏成长的演员——初出茅庐时兢兢业业、谨小慎微，生怕行差踏错；慢慢地有了一定经验，开始崭露头角、偶尔灵光一现；直到后来，它沉默且坚定，具备了一个好演员的所有素养——救场时勇于担当，能力挽狂澜、独当一面，衬托主角时绝不抢戏，做群演更是默默奉献。楼梯的精彩表演数之不尽，书中对其的分析也只是作者一家之言，缺漏、错误或在所难免，望读者、同行加以指正！

本书得以完成，特别感谢郑州大学建筑学院顾馥保老师，顾老师在建筑教育、建筑设计工作中身体力行，作出的贡献更为如我等后辈的楷模，写作中给予了很多帮助与建议；郑东军老师在丛书组织、编写中，也给予了大量的帮助，在此一并致谢！

感谢中国建筑出版传媒有限公司（中国建筑工业出版社）胡永旭副总编辑、李东禧主任、唐旭主任、吴绫主任对本丛书的支持和帮助！感谢孙硕老师的辛苦工作！

本书写作经年，感谢毕业同学罗梦龄、郝博鉴、魏攀攀、白艳丽、王冲、董东阳，帮助整理了照片资料。感谢王冲、赵彦博调整、绘制了书中的插图；刘晔、王清逸给我分享了他们游历欧洲的照片。

本书以实例分析为主、图文并茂，在此对书中实例的设计师、图片作者致以感谢！

付　强　张颖宁

2021年07月28日